Rheinisch-Westfälische Akademie der Wissenschaften

Geisteswissenschaften Vorträge · G 222

Herausgegeben von der
Rheinisch-Westfälischen Akademie der Wissenschaften

HEINZ HÜRTEN

Reichswehr und Ausnahmezustand

Ein Beitrag zur Verfassungsproblematik der Weimarer Republik in ihrem ersten Jahrfünft

Westdeutscher Verlag

222. Sitzung am 15. Juni 1977 in Düsseldorf

CIP-Kurztitelaufnahme der Deutschen Bibliothek

Hürten, Heinz

Reichswehr und Ausnahmezustand: e. Beitr. zur Verfassungsproblematik d. Weimarer Republik in ihrem 1. Jahrfünft. – 1. Aufl. – Opladen: Westdeutscher Verlag, 1977.

(Vorträge / Rheinisch-Westfälische Akademie der Wissenschaften: Geisteswiss.; G 222)

Gesamtherstellung: Westdeutscher Verlag GmbH

ISBN-13: 978-3-531-07222-7 e-ISBN-13: 978-3-322-86191-7
DOI: 10.1007/978-3-322-86191-7

Die Geschichte der Weimarer Republik ist in ihrer Anfangsphase einer inneren Unruhen, feindlicher Besatzung und wachsender Inflation abgerungenen Konsolidierung nicht weniger als in der Zeit ihres späteren Zerfalls in entscheidender Weise bestimmt worden durch die Existenz des Art. 48 der Reichsverfassung, der dem Reichpräsidenten im Falle außerordentlicher Gefährdung der öffentlichen Sicherheit und Ordnung die Chance gab, sich der letztlich ausschlaggebenden Rolle in der deutschen Innenpolitik zu bemächtigen[1]. Ist somit dieser Artikel „wie kein anderer" der in Weimar geschaffenen Verfassung „mit Schicksalsproblemen der jüngsten deutschen Geschichte verknüpft"[2], so kann seine Erörterung und die Untersuchung der aus ihm erwachsenen Regierungspraxis in zureichender Weise nicht in ausschließlich juridischer Betrachtung erfolgen. Die systematisierende Interpretation des Ausnahmerechts durch die in der Jurisprudenz der Kaiserzeit herrschende Lehre, die es „aus der politischen Sphäre in die des Verwaltungsrechts" abschob und durch solche „Verpolizeilichung" scheinbar entpolitisierte[3], ist auch durch

[1] Dies ist zu betonen gegenüber Günter Arns, Friedrich Ebert als Reichspräsident, in: Historische Zeitschrift, Beiheft 1 (1971) S. 15, der Art. 48,2 „unter Ebert weniger als Instrument zur Stärkung der Macht des Reichspräsidenten, sondern eher als Medium zur Durchsetzung und rechtlichen Absicherung von Maßnahmen des Kabinetts" betrachtet, wenngleich auch er einräumt, „daß der Artikel 48 ein potentielles Instrument zur Ausbildung eines Präsidialsystems blieb". Arns' Hinweis, daß der Reichspräsident beim Erlaß von Verordnungen nach Art. 48,2 rechtlich von einer „Initiative des Kabinetts" abhängig gewesen sei (ebd. S. 14) ist irrig, weil die in Art. 48 begründeten Vollmachten des Reichspräsidenten lediglich durch das in Art. 48,5 vorgesehene Reichsgesetz, aber nicht durch die von Arns zur Stütze seiner These herangezogene Gemeinsame Geschäftsordnung der Reichsministerien näher bestimmt werden konnten.

[2] Gerhard Schulz, Artikel 48 in historisch-politischer Sicht, in: Ernst Fraenkel (Hrsg.), Der Staatsnotstand. Vorträge, gehalten im Sommersemester 1964. Berlin 1965. S. 39.

[3] Zur älteren Literatur s. Hans Boldt, Rechtsstaat und Ausnahmezustand. Eine Studie über den Belagerungszustand als Ausnahmezustand des bürgerlichen Rechtsstaates im 19. Jahrhundert (Schriften zur Verfassungsgeschichte. Bd. 6). Berlin 1967, die Zitate ebd. S. 186. Zu der ihr entgegengestellten Position von Carl Schmitt vgl. insbeson-

den historischen Verlauf, in dem über das Geschick der ersten deutschen Demokratie entschieden wurde, in der Begrenzung ihrer Möglichkeiten deutlich geworden. Eine Studie über die der Reichswehr durch die Verfassungsbestimmung des Art. 48 gegebenen Möglichkeiten kann sich daher nicht darin erschöpfen, rechtshistorisch die Normen zu analysieren, die in der Weimarer Republik für das Einschreiten der bewaffneten Macht bei öffentlichen Unruhen galten. Sie muß vielmehr versuchen, von der Extremsituation des Ausnahmezustandes her die Funktion zu erfassen, welche die Reichswehr im politischen System des Deutschen Reiches nach 1918 wahrnahm.

Nach alter Verfassung war bei inneren Krisen die Armee zum Garanten der gesellschaftlichen und politischen Stabilität bestimmt gewesen. Aufgrund des preußischen Gesetzes über den Belagerungszustand aus dem Jahre 1851[4] konnte das Staatsministerium, unter Umständen aber auch ein einzelner militärischer Befehlshaber, den für den Fall unmittel-

dere: Carl Schmitt, Politische Theologie. Vier Kapitel zur Lehre von der Souveränität. ²München und Leipzig 1934. Diese Schrift erschien in erster Auflage 1922. Carl Schmitt, Die Diktatur. Von den Anfängen des modernen Souveränitätsgedankens bis zum proletarischen Klassenkampf. ¹München und Leipzig 1921, hatte sich bereits um den Nachweis bemüht, daß schon von den klassischen Autoren das Problem der Souveränität in diesem Sinne verstanden werde. Dieses Werk erschien in zweiter und dritter Auflage 1928 und 1964 mit einem Anhang über die Diktatur des Reichspräsidenten nach Art. 48 der Weimarer Verfassung, nachdem Schmitt bereits auf der Tagung der deutschen Staatsrechtslehrer in Jena vom April 1924 in den Mittelpunkt der vordem weitgehend von Richard Grau (vgl. Anm. 18) bestimmten rechtswissenschaftlichen Diskussion um Art. 48 getreten war, s. Der deutsche Föderalismus. Die Diktatur des Reichspräsidenten. Veröffentlichungen der Vereinigung der deutschen Staatsrechtslehrer. Heft 1. Berlin und Leipzig 1924. S. 63–103. Für seine Stellungnahme in der Zeit der Präsidialkabinette ist besonders bemerkenswert Carl Schmitt, Der Hüter der Verfassung. Tübingen 1931 sowie Ders., Legalität und Legitimität. München und Leipzig 1932; hierzu Heinrich Muth, Carl Schmitt in der deutschen Innenpolitik des Sommers 1932, in: Historische Zeitschrift, Beiheft 1 (1971) S. 75–147, ebd. S. 79f. Hinweise zur umfangreichen Literatur über Carl Schmitt. – Einen Rückblick auf die Funktion des Art. 48 in der Weimarer Republik bietet Ulrich Scheuner, Die Anwendung des Art. 48 der Weimarer Reichsverfassung unter den Präsidentschaften Ebert und Hindenburg, in: Ferdinand A. Hermens und Theodor Schieder (Hrsg.), Staat, Wirtschaft und Politik in der Weimarer Republik, Festschrift für Heinrich Brüning. Berlin 1967. S. 249–286, wo auch die juristische Literatur der Zeit berücksichtigt ist. Das Urteil von Scheuner, daß unter Ebert „die Anwendung der sog. Diktaturgewalt neben einem voll funktionierenden parlamentarischen System auf eine ergänzende Rolle beschränkt“ geblieben sei (S. 266), hat Peter Haungs, Reichspräsident und parlamentarische Kabinettsregierung. Eine Studie zum Regierungssystem der Weimarer Republik in den Jahren 1919 bis 1924. Köln und Opladen 1968. S. 177 mit guten Gründen als „zu wohlwollend“ charakterisiert.

4 Gesetz über den Belagerungszustand vom 4. Juni 1851. Gesetzsammlung für die königlich preußischen Staaten S. 451, jetzt bei Ernst Rudolf Huber, Dokumente zur deutschen Verfassungsgeschichte. Bd. 1. Stuttgart 1961. S. 414–418.

barer kriegerischer Bedrohung vorgesehenen Belagerungszustand auch dann verkünden, wenn „dringende Gefahr für die öffentliche Sicherheit" gegeben schien. Die Reichsverfassung von 1871 gab überdies dem Kaiser in seiner Eigenschaft als Bundesfeldherrn das Recht, „wenn die öffentliche Sicherheit in dem Bundesgebiete bedroht" war, den „Kriegszustand" zu erklären, der für das Reichsgebiet oder dessen Teile – allerdings mit Ausnahme Bayerns – dieselben Folgen auslöste wie der Belagerungszustand in Preußen. Die wichtigsten Rechtswirkungen, die durch die öffentliche Verkündung des Belagerungszustands „bei Trommelschlag oder Trompetenschall" eintraten, waren eine Intensivierung der Exekutivbefugnisse und deren Übergang auf die Militärbefehlshaber. Die zivilen Behörden blieben in Funktion, hatten aber den Weisungen der Militärbefehlshaber unbedingten Gehorsam zu leisten, der sie auch von der sonst geltenden Bindung ihrer Tätigkeit an eine gesetzliche Ermächtigung befreite. Eine Reihe von Grundrechten der preußischen Verfassung (die Reichsverfassung enthielt ja keine) konnte suspendiert werden, um die dort aufgerichteten Schranken für die Aktivität der vollziehenden Gewalt aus dem Wege zu räumen. Der Militärbefehlshaber konnte überdies die Befolgung seiner „im Interesse der öffentlichen Sicherheit" erlassenen Verbote mit Gefängnisstrafen erzwingen und Kriegsgerichte einsetzen; bestimmte Straftatbestände wurden mit schärferen Sanktionen versehen[5].

Im Königreich Bayern hatte das Gesetz über den Kriegszustand vom 5. November 1912[6] vergleichbare, wenn auch in markanter Weise abweichende Regelungen getroffen. Im Falle des Krieges, aber nicht bei inneren Unruhen, konnten die Militärbefehlshaber, die hier anders als sonst im Reich dem Kriegsminister unterstellt waren, zur Erhaltung der öffentlichen Sicherheit sog. Kriegszustandsanordnungen mit Strafandrohung erlassen, wobei sie auch entgegenstehendes Reichs- oder Landesrecht, sogar Verfassungsrecht durchbrechen durften. Durch besondere König-

[5] Paul Laband, Das Staatsrecht des Deutschen Reiches. [3]Freiburg und Leipzig 1895. 2. Bd. S. 517–524. Ein Überblick über die Rechtslage jetzt auch bei Wilhelm Deist (Bearb.), Militär und Innenpolitik im Weltkrieg 1914–1918 (Quellen zur Geschichte des Parlamentarismus und der politischen Parteien. 2. Reihe Bd. 1). Düsseldorf 1970. S. XXXI–LI.

[6] Gesetz- und Verordnungsblatt für das Königreich Bayern S. 1161. Bei den Verhandlungen in der Kammer der Abgeordneten des bayerischen Landtags über dieses Gesetz war namens der Regierung ausdrücklich erklärt worden, daß es ausschließlich für den Kriegsfall, nicht aber für innere Unruhen vorgesehen sei. Carl Schmitt, Diktatur und Belagerungszustand, in: Zeitschrift für die gesamte Strafrechtswissenschaft 38 (1916/17) S. 145f.

liche Verordnung konnte zudem in Bayern der Übergang der vollziehenden Gewalt auf die Militärbehörden angeordnet werden, die aber dann in Abweichung vom preußischen Recht an die für die Verwaltungstätigkeit geltenden Gesetze und Vorschriften gebunden blieben, so daß die Exekutive hier keine besondere Ermächtigung, sondern lediglich einen Wechsel ihres Inhabers erfuhr.

Noch ehe der Erste Weltkrieg vor Augen führte, wie tief die hier konzipierten Maßnahmen in das politische und gesellschaftliche Leben einer modernen Industriegesellschaft einzugreifen vermochten[7], hatte schon das Standardwerk von Paul Laband über die Reichsverfassung die „Erklärung des Kriegszustandes" im Deutschen Reich nach Art. 68 als die „Einführung einer Militärdiktatur" gekennzeichnet[8]. Der große Krieg hat dann das Rechtsinstitut des Kriegs- und Belagerungszustands auf eine Probe gestellt, die trotz extensiver Handhabung und wohlwollender Förderung durch oberstrichterliche Rechtsprechung seine funktionale und politische Schwäche offenkundig werden ließ. Partielle Reformen im Laufe der Jahre, die dem Regime der Militärbefehlshaber eine gewisse Einheitlichkeit bringen und dem Staatsbürger mehr Rechtssicherheit garantieren sollten, konnten nicht verhindern, daß die innenpolitische Ordnung des Deutschen Reiches seit seiner Versetzung in den Kriegszustand am 31. Juli 1914 einen nie beseitigten Angriffspunkt öffentlicher und parlamentarischer Kritik bildete, die nicht nur die der Bevölkerung auferlegten Härten beklagte, sondern auch den damit bewirkten Verlust an Effizienz der Verwaltung. In einem juristischen Fachorgan wurde 1917 offen kritisiert, daß die Ausgestaltung des Kriegszustandes durch Praxis und Rechtsprechung nichts anderes bewirkt habe als „jenes, obendrein stark polizeistaatlich angekränkelte Neben-, Gegen- und Auseinanderregieren, unter dem unsere gesamten innerstaatlichen Verhältnisse während des Krieges kranken und das uns das ‚Durchhalten' vielleicht noch schwerer macht als der äußere Feind"[9]. Die sofortige Aufhebung des Kriegszustandes gehörte mit einer gewissen Sachlogik in die erste Proklamation des Rates der Volksbeauftragten vom 12. November 1918[10], der die Regierungsgewalt im zusammengebrochenen Deutschen Reich übernahm.

[7] S. hierzu W. Deist, Militär und Innenpolitik.
[8] P. Laband II S. 518.
[9] Ludwig Waldecker, Die Grundlagen des materiellen Verordnungsrechts in Zivilsachen während des Kriegszustands, in: Archiv des öffentlichen Rechts 36 (1917) S. 488.
[10] RGBl. S. 1303.

Die Neuregelung des Notstandsrechtes, welche die Verfassunggebende Nationalversammlung im folgenden Jahr vornahm, darf trotz mancher Ähnlichkeit in der späteren Handhabung des Art. 48 mit dem Regime des Belagerungszustands nicht einfach verstanden werden als eine Adaptation der alten Vorschriften an die Bedingungen des demokratischen Staates; sie war eine Möglichkeit zu Neuem. Belagerungs- und Kriegszustand fielen ersatzlos fort. Ebensowenig war in der Verfassung die Rede von einem Übergang der vollziehenden Gewalt an militärische Befehlshaber. An die Stelle ein für allemal festgelegter Regelungen trat die unbestimmte, darum elastische und mit der gleichrangigen Einbeziehung der öffentlichen Ordnung neben der öffentlichen Sicherheit sachlich sehr viel weitergreifende Ermächtigung des Reichspräsidenten, bei ihrer Gefährdung die „zur Wiederherstellung [...] nötigen Maßnahmen“ zu treffen und dabei „mit Hilfe der bewaffneten Macht“ vorzugehen. Darüber hinaus konnte er „vorübergehend“ einige im einzelnen bezeichnete Grundrechte ganz oder teilweise außer Kraft setzen. Dem Parlament war das Recht zugestanden, „unverzüglich“ informiert zu werden und den Abbruch bereits getroffener Maßnahmen zu verlangen. Der Reichstag konnte zudem einen Reichskanzler oder Reichsminister, der dem Reichspräsidenten die nach Art. 50 erforderliche Gegenzeichnung für seine Anordnungen nach Art. 48,2 gegeben und damit die parlamentarische Verantwortung übernommen hatte, durch Mißtrauensvotum nach Art. 54 aus dem Amte treiben. Solange aber im Parlament sich kein entschlossener Widerstand gegen die auf Art. 48 gestützten Maßnahmen des Reichspräsidenten formierte, besaß dieser kaum weniger an Machtfülle als die römischen Konsuln durch das senatus consultum ultimum erlangten[11].

[11] Reichsjustizminister Schiffer erklärte am 3. Mai 1920 in der 147. Sitzung der Nationalversammlung über die Ermächtigung des Reichspräsidenten nach Art. 48,2: „Irgend eine Einschränkung bezüglich dieser Maßnahmen ist nicht vorgesehen. Es können also Maßnahmen aller Art sein, Maßnahmen der Gesetzgebung oder Maßnahmen der Verwaltung oder auch rein tatsächliche Maßnahmen und Vorkehrungen. Nur eine begriffliche Schranke liegt allerdings vor. Es können Maßnahmen nicht in Frage kommen, die die Verfassung selbst betreffen.“ In diesem Zusammenhang erinnerte Schiffer daran, daß bei der Beratung dieser Verfassungsbestimmung festgestellt worden sei: „Auch praeter legem, sogar gegen das bestehende Gesetz darf danach der Reichspräsident oder der Reichskommissar oder der Befehlshaber, dem er die Wiederherstellung der Sicherheit und Ordnung überträgt, seine Maßnahmen treffen. Wenn zum Beispiel irgendein Militärbefehlshaber auf den Gedanken kommt, daß auch für den Bürgerkrieg oder für die Wiederherstellung der Ordnung und Sicherheit der Hindenburgsche Ausspruch richtig sei, daß der grausamste Krieg der kürzeste sei, so kann der Militärbefehlshaber die Anwendung von giftigen Gasen bei

Ursprünglich war diese Diktaturfunktion des Reichspräsidenten in enger Kontrolle durch den Reichstag konzipiert gewesen. Erst bei der dritten Lesung der Verfassung am 30. Juli 1919[12] war die bis dahin in allen Entwürfen[13] vorgesehene Bestimmung in Fortfall gekommen, daß der Reichspräsident für seine Maßnahmen nach Art. 48 (in der späteren Zählung) unverzüglich die Zustimmung des Reichstages nachsuchen müsse. Nach dieser Vorschrift wäre ein parlamentarisches Notstandsregime entstanden, dessen einzelne Maßnahmen zwar vom Reichspräsidenten konzipiert und durchgeführt worden wären, ihren Bestand aber nur durch die Zustimmung des Reichstags erlangt hätten. Eine Verselbständigung der Exekutive nach Art des großen Ausnahmezustands von 1923/24 oder der späteren Präsidialkabinette hätte in der Verfassungsordnung keinen Ansatzpunkt gehabt. Solche Regierungsformen lagen aber noch außerhalb des Vorstellungsbereichs, in dem die Nationalversammlung über die künftige Verfassung beriet[14]. Ihre Mehrheit folgte der Meinung des demokratischen Abgeordneten Haas, daß die vorgesehene Bindung aller Maßnahmen des Reichspräsidenten an die förmliche Zustimmung des Reichstags unzweckmäßig sei und eine einfache

der Beschießung von Städten vorschreiben und durchführen." Verhandlungen der Verfassunggebenden Deutschen Nationalversammlung. Bd. 332. S. 4636f.

Vgl. zur Kompetenz des Reichspräsidenten nach Art. 48 sowie zu den unten folgenden Darlegungen über den rechtlichen Gehalt dieser Vorschrift den Abschnitt „Die Diktatur des Reichspräsidenten" in Fritz Poetzsch-Heffter, Handkommentar zur Reichsverfassung vom 11. August 1919. ³Berlin 1928 S. 233–247. Carl Schmitt, Diktatur S. 201–205 (zitiert nach der Auflage von 1964) und Ders., Verfassungslehre. ³Berlin 1954. S. 27 und S. 110f., wo Art. 48 interpretiert wird als „die Ermächtigung zu einer rechtlich nicht begrenzten Aktionskommission". Erhard Lucas, Ausnahmezustand in den ersten Jahren der Weimarer Republik, in: Kritische Justiz 5 (1972) S. 163–174 und S. 382–394 behandelt fast ausschließlich Vorgänge im rheinisch-westfälischen Industriegebiet und bleibt zudem in der Darstellung der Genesis der Modelle für die Verordnungen des Reichspräsidenten unvollständig.

[12] Stenographische Berichte der Verfassunggebenden Deutschen Nationalversammlung. 70. Sitzung S. 2111f.

[13] Heinrich Triepel, Quellensammlung zum Deutschen Reichsstaatsrecht, ⁵Tübingen 1931. S. 6–44.

[14] In der 147. Sitzung der Nationalversammlung vom 3. März 1920 führte Reichsjustizminister Schiffer aus, man könne aus Art. 48,2 „den Schluß ziehen, es sei wider die Natur der Dinge, daß ein Parlament sich seiner Rechte so weit entäußert, und aus diesem Grunde sei eine einschränkende Auslegung von vornherein geboten, weil man annehmen müsse, daß das Parlament nicht soweit gehen wolle, sich seiner Rechte zugunsten der Regierung so weitgehend zu entäußern. Dieser Schluß mag bei anderen Regierungsformen berechtigt sein, bei der demokratischen Regierungsform ist dieser Schluß nicht berechtigt, denn hier ist gar kein Bedenken dagegen, der Regierung alle diejenigen Gewalten zu geben, die irgendwo notwendig sind, um die Staatszwecke durchzuführen." Verhandlungen der Verfassunggebenden Deutschen Nationalversammlung. Bd. 332. S. 4637.

Mitteilung an den Präsidenten des Hohen Hauses genüge, das dann prüfen könne, ob es über diese Schritte des Reichspräsidenten beraten oder sie gar rückgängig machen wolle. Die spätere Praxis des Parlaments treffsicher kennzeichnend, meinte Haas: „Die meisten Fälle werden sich so abspielen, daß der Reichstag eine Erörterung über die Maßnahmen nicht für notwendig hält.“ Aus dem gleichen Grunde größerer Zweckmäßigkeit entfiel zugleich die bislang für erforderlich gehaltene Gegenzeichnung des gesamten Kabinetts zu den Anordnungen des Reichspräsidenten gemäß Art. 48. Die allgemeine Gegenzeichnungsvorschrift des Art. 50 schien der Mehrheit der Nationalversammlung ausreichend, um die politische und rechtliche Verantwortlichkeit und die parlamentarische Kontrolle zu begründen.

Die Ministerverantwortlichkeit für die Diktaturmaßnahmen des Reichspräsidenten und die damit gegebenen Einwirkungsmöglichkeiten des Reichstags hatte Hugo Preuß schon bei einer früheren Gelegenheit als „den großen und entscheidenden Unterschied“ gegenüber dem alten Recht gekennzeichnet. „Wenn während des Krieges im Reichstag über den Belagerungszustand und die Härten, die bei der Handhabung des Belagerungszustands hervorgetreten sind, geklagt wurde, so hat es sich immer als das Unerträglichste herausgestellt, daß die verantwortliche Regierungsbehörde außerstande war, die Verantwortung für das Geschehene wirklich zu übernehmen, weil mit der Erklärung des Belagerungszustandes die letzte entscheidende Gewalt auf die Militärbefehlshaber überging, die dem Reichstage unverantwortlich waren und blieben.“ Dazu aber stelle sich die neue Rechtsfigur des Art. 48 „in entschiedenen Gegensatz“[15].

Mit diesen Darlegungen bemühte sich Preuß, die Skepsis der USPD auszuräumen, deren Sprecher, Dr. Cohn, darauf verwiesen hatte, daß Art. 48 der Exekutive noch größere Aktionsmöglichkeiten einräume als das alte Recht und sogar die Schranken beseitige, welche das Institut des Belagerungszustands den Kompetenzen der Militärbefehlshaber gegenüber noch enthalten habe.

Die Standpunkte von Preuß und Cohn in dieser Kontroverse bezeichnen für den späteren Betrachter die Pole, zu denen die praktische Handhabung des Art. 48 gravitieren konnte. Sein endgültiger Wortlaut ermöglichte sowohl eine kontinuierliche, den jeweiligen Maßnahmen und Anordnungen des Reichspräsidenten dicht folgende Parlamentskontrolle,

[15] Stenographische Berichte der Verfassunggebenden Deutschen Nationalversammlung 38. Sitzung S. 1331.

die jeden Ansatz zur Autokratisierung der Exekutive unterdrückte, wie die Etablierung eines Regimes, dessen Machtfülle und Selbstherrlichkeit die Herrschaft der Militärbefehlshaber unter dem Belagerungszustand noch übertraf. Die Entscheidung über die Entwicklung hing weitgehend davon ab, in welchem Umfang der Reichstag von seinem Recht Gebrauch machte, die Handhabung des Art. 48 zu prüfen und zu steuern. Insofern bedeutet die Entwicklung der Diktaturgewalt des Reichspräsidenten auch ein Stück deutscher Parlamentsgeschichte.

Hierzu gehört bereits, daß das Reichsgesetz, das nach der Vorschrift des Art. 48,5 „das Nähere" über die Anwendung dieser Verfassungsbestimmung regeln sollte, niemals ergangen ist[16]. So blieb es der juristischen Wissenschaft überlassen, diese Verfassungssätze zu interpretieren, indem sie ihre Systematik erforschte. Nach allgemeiner Auffassung besaß der Reichspräsident die im Art. 48 umschriebene Ermächtigung bereits im vollen Umfange, auch ohne die näheren Bestimmungen durch das fehlende Reichsgesetz. Auch über das Ausmaß seiner diktatorischen

[16] Hierzu Hugo Preuß, Reichsverfassungsmäßige Diktatur, in: Zeitschrift für Politik 13 (1923/24) S. 105: Der Wunsch nach einem Ausführungsgesetz zu Art. 48 „entspringt mehr dem Verfeinerungsbedürfnis der Juristen als den politischen Erfordernissen der gegenwärtigen Lage. Ein solches Gesetz wird in der Hauptsache rechtliche Einschränkungen der diktatorischen Vollgewalt bringen, sie also bis zu einem gewissen Grade abbauen. Das mag in ruhigeren Zeiten, auf die ich in der Nationalversammlung für den Erlaß des Ausführungsgesetzes verwiesen habe, nicht bloß zulässig, sondern erwünscht sein. Vorläufig aber weisen alle Zeichen der Zeit noch auf die harte Notwendigkeit hin, der verfassungsmäßigen Diktatur ihre möglichst unbeschränkte Handlungsfreiheit zu erhalten, von der sie vermutlich noch in ganz anderer Weise als bisher wird Gebrauch machen müssen." Weil ein solches Ausführungsgesetz notwendigerweise die Handlungsfreiheit des Reichspräsidenten einschränken werde, „sollen wir, solange die Verhältnisse bei uns sind, wie sie sind, nicht eine Situation schaffen, in der der Reichsgewalt nur die Wahl bliebe, die ihr gezogenen Rechtsschranken zu durchbrechen oder die Verfassung der Republik nicht wirksam genug schützen zu können." Der große Ausnahmezustand von 1923/24 hat einen beachtlichen Wandel in diesen Auffassungen von Preuß ausgelöst. Im Jahre 1925 kritisierte er den „Mißbrauch des Notverordnungsrechts" durch die „in jüngster Vergangenheit aufgrund des Artikels 48 erlassenen Verordnungen" und stellte die rechtliche Zulässigkeit der Übertragung vollziehender Gewalt an das Militär in Frage. Das Ausführungsgesetz nach Art. 48,5 schien ihm nunmehr unbedingt erforderlich: „Die Erfahrungen, die bisher mit dem Gebrauch der außerordentlichen Vollmachten durch eine höchst bedenkliche Praxis gemacht worden sind, beweisen die dringliche Notwendigkeit eines solchen beschränkenden Gesetzes und weisen zugleich auf die Punkte hin, wo dieses Gesetz den bisherigen Mißbräuchen einen Riegel vorschieben muß." Hugo Preuß, Die Bedeutung des Artikels 48 der Reichsverfassung, in: Die Hilfe 31 (1925) S. 225f.

Auch auf der Tagung der Staatsrechtslehrer vom April 1924 wurde der Erlaß des Ausführungsgesetzes „von vielen Seiten als eine dringende Notwendigkeit bezeichnet". Veröffentlichungen der Vereinigung der deutschen Staatsrechtslehrer. Heft 1. S. 139.

Gewalt bestand in der Literatur weitgehende Übereinstimmung. Demnach lag die Entscheidung über den Zeitpunkt, an dem der Reichspräsident von seinen Vollmachten Gebrauch machen sollte, ebenso in seinem alleinigen, richterlich nicht nachprüfbaren Ermessen wie die Wahl der von ihm zu ergreifenden Maßnahmen. Er konnte gesetzliche Anordnungen treffen, außerordentliche Gerichte einsetzen, die Exekutive umorganisieren oder ganz an sich ziehen, sieben Grundrechte außer Kraft setzen und „tatsächliche Maßnahmen" ergreifen, die bis zur Anwendung militärischer Gewalt reichen durften. Wissenschaftlich strittig war, ob der Reichspräsident bei seinem Einschreiten an die Verfassung gebunden blieb, soweit er sie nicht in dem von Art. 48 bezeichneten Rahmen außer Kraft setzte. Carl Schmitt vermochte keine allgemeine Zustimmung zu erringen für seine Auffassung, daß der Reichspräsident bei seinen Maßnahmen durch einzelne Verfassungsbestimmungen überhaupt nicht eingeengt werde und seine Vollmachten nur an dem „durch Art. 48 selbst vorausgesetzten organisatorischen Minimum" (Reichspräsident, Reichsregierung, Reichstag) eine Schranke fänden[17]. Aber für die Effektivität des Art. 48,2 in der staatlichen Praxis bedeuteten solche ungelösten Schwierigkeiten der juristischen Interpretation keine Beeinträchtigung.

Weil die Weimarer Verfassung in Abweichung von der früher in Deutschland geltenden Regelung nicht davon ausging, daß erst die Verkündung eines staatlichen Notstandes dem Reichspräsidenten bestimmte Sondervollmachten verleihe, ist es irreführend, wenn auch allgemein üblich, von „Ausnahmezustand" zu sprechen. Es gab nach dem neuen Verfassungsrecht keinen wie auch immer zu bezeichnenden „Zustand", dessen amtliche Verkündung automatisch bestimmte, im voraus fixierte Rechtswirkungen ausgelöst hätte[18]. Die Bezeichnung „Ausnahmezu-

[17] Zu dieser Kontroverse vgl. Hans Nawiasky, Die Auslegung des Art. 48 der Reichsverfassung, in: Archiv des öffentlichen Rechts 9 (1925) S. 1–55. Ebd. S. 8 treffend über die Konsequenz von Schmitts These: „Ein wildgewordener Reichspräsident könnte auf einige Zeit wie ein apokalyptischer Reiter über das wehrlose Maximum der Reichs- und Landesorganisation hereinbrechen".

[18] Richard Grau, Die Diktaturgewalt des Reichspräsidenten und der Landesregierungen auf Grund des Artikels 48 der Reichsverfassung (Öffentlich-rechtliche Abhandlungen, 5. Heft). Berlin 1922. hebt S. 20 die rechtspolitische Bedeutung dieser Regelung hervor, durch die „ein wichtiges formell-rechtsstaatliches Element fortgefallen" sei. S. 22 die Verdeutlichung: „Der frühere Ausnahmezustand hatte als geregeltes Rechtsinstitut Wirkungen, die mit seiner Erklärung ipso iure eintraten." Demgegenüber die Charakterisierung des neuen Verfahrens ebd.: „Man kann vielleicht, wenn für ein Gebiet des Reiches gleichzeitig besonders viele und einschneidende Maßnahmen getroffen sind, von einem Ausnahmezustand im tatsächlichen Sinne sprechen. Das ist aber ebensowenig ein juristischer Begriff als wenn der Hausherr die Zeit des Großreinemachens einen Ausnahmezustand nennt."

stand" konnte verwendet werden, wenn der Reichspräsident kraft Art. 48,2 den Zustand der staatlichen Normalität durchbrach. Da dies aber in sehr unterschiedlicher Weise geschehen konnte, entstand keineswegs ein gleichförmiger, in seinen Ausdrucksformen kohärenter und rechtlich eindeutiger Ausnahmestatus nach Art des alten Belagerungs- oder Kriegszustandes. Lediglich durch die Praxis, die einen gewissen Usus ausbildete, kamen gleichsam typische Kombinationsformen für die Anwendung dieser Vollmachten zustande, und für diese rechtlich nicht fixierten, aber häufig wiederkehrenden Gestalten, welche die Diktaturgewalt des Reichspräsidenten annahm, bürgerte sich der Ausdruck „Ausnahmezustand" auch in der wissenschaftlichen Literatur ein. Dabei wurden folgende Formen unterschieden:

der kleine zivile Ausnahmezustand, gekennzeichnet durch die Verschärfung strafrechtlicher Bestimmungen oder die Erweiterung der exekutiven Machtbefugnisse durch die Außerkraftsetzung bestimmter Grundrechte;

der zivile Ausnahmezustand mit dem Reichskommissar als Träger von Verwaltungs- und Gesetzgebungsbefugnissen und der Einrichtung außerordentlicher Gerichte;

der militärische Ausnahmezustand, bei dem zusätzlich zu den vorstehend genannten Bestimmungen der Militärbefehlshaber, ggfs. unter Beiordnung eines zivilen Reichskommissars, die vollziehende Gewalt übernahm.

Auch diese typisch wiederkehrenden Formen waren keineswegs scharf umrissen, so daß es sich hier lediglich um orientierende Begriffsbehelfe, aber nicht um eindeutige Rechtsinstitute handelte. Ihre Ausbildung war lediglich die Konsequenz einer Praxis, in der verschiedene Konzeptionen miteinander konkurrierten und je nach den historischen Umständen unterschiedliche Chancen der Realisierung gewannen.

Die zentrale Rolle, welche der Art. 48,2 in seinen verschiedenen Anwendungsformen in der Regierungspraxis der Weimarer Republik während ihrer Anfangsphase einnahm, zeigt sich bereits in der Frequenz, mit welcher der Reichspräsident von seinen Vollmachten Gebrauch machte. Sie stieg von fünf im Jahre 1919 auf 37 im Jahre 1920, sank 1921 auf 18, 1922 auf acht, erreichte mit 42 im Jahre 1923 ihren Höhepunkt, sank 1924 auf 23. 1925 wurde der Art. 48,2 nur noch selten und dann bis in die Endphase der Republik überhaupt nicht mehr angewendet[19]. Mit dem neuen Typus des Präsidialkabinetts, das in der Agonie der Republik von 1930 an, gestützt auf das gleichfalls aus Art. 48,2 abgeleitete Notverordnungsrecht des Reichspräsidenten, eine von der Verfassung nicht vorgesehene Form autoritärer Regierung darstellte, erlangte diese Verfassungsbestimmung schlechthin kardinale Bedeutung. Aber hier handelte es sich nicht eigentlich um die Vollmachten des Reichspräsidenten zu jenen Maßnahmen, die im allgemeinen Sprachgebrauch mit dem Terminus „Ausnahmezustand“ verknüpft waren, sondern um seine Ermächtigung zu gesetzgeberischen Anordnungen. Eine Untersuchung zum Thema „Reichswehr und Ausnahmezustand“ wird sich daher den Anfangsjahren der Weimarer Republik zuwenden müssen, in denen weniger die gesetzgeberischen als die exekutiven Sondervollmachten des Reichspräsidenten im Vordergrund des Phänomens „Ausnahmezustand“ standen. Als Instrument der „tatsächlichen“ Maßnahmen des Reichspräsidenten ist die Reichswehr in der Konsolidierungsphase dieses Staates in eine Rolle hineingewachsen, die ihr nach Buchstaben und Sinn der Verfassung nicht selbstverständlich vorgegeben war.

Die Reichswehr besaß nach dem Wortlaut des Art. 48,2 nicht mehr jene Funktion, die ihr früher die Verkündung des Belagerungszustandes zugewiesen hatte. Wenn diese Bestimmung auch eine „Diktatur des Reichspräsidenten“ begründete, wie die Literatur bald übereinstimmend feststellte, so war diese trotz der Qualität des Präsidenten als Oberbefehlshaber nicht ohne weiteres eine Militärdiktatur, wie sie der frühere Belagerungszustand nach Meinung der juristischen Wissenschaft ausgelöst hatte. Weil es dem Reichspräsidenten vollständig überlassen blieb, in welcher Weise und in welchem Umfang er von den Möglichkeiten des Art. 48,2 Gebrauch machte, hing es auch von seinem freien Ermessen ab, welche Rolle der „bewaffneten Macht“, der Reichswehr, in solchen Zeiten zufallen sollte. Sie war aus ihrer früheren Stellung als innenpolitischer Krisenregulator abgelöst worden und zu einem der verschiedenen Instrumente herabgesunken, die dem Reichsoberhaupt als Hüter der öffentlichen Sicherheit und Ordnung zur Verfügung standen.

[19] Vgl. die Aufstellung bei Fritz Poetzsch, Vom Staatsleben unter der Weimarer Verfassung (vom 1. Januar 1920 bis 31. Dezember 1924), in: Jahrbuch des öffentlichen Rechts der Gegenwart 13 (1925) S. 141–147. Lindsay Rogers, Sanford Schwarz, Nicholas S. Kaltchas, German Political Institutions II. Article 48, in: Political Science Quarterly 47 (1932) enthält S. 583–594 eine Liste aller Verordnungen des Reichspräsidenten kraft Art. 48 vom 20. Oktober 1919 bis zum 27. September 1932.

Für die rasche Anpassung dieser neuartigen Vorschriften der Verfassung an das Verfahren des alten Belagerungszustandes scheint die als solche wenig belangvolle Tatsache aufschlußreich, daß für die Anwendung der dem Reichspräsidenten nach Art. 48,2 zustehenden exekutiven Vollmachten der Ausdruck „Ausnahmezustand“ aufkam und sich allen Darlegungen zum Trotz, daß es diesen rechtens gar nicht gebe, bis auf den heutigen Tag als unausrottbar erwiesen hat. Die hier zum Ausdruck gelangende Orientierung am alten Belagerungszustand für den praktischen Vollzug der neuen Verfassungsbestimmungen wäre wohl eher zu durchbrechen gewesen, wenn zu dem Zeitpunkt, da die Weimarer Verfassung und mit ihr der Art. 48,2 in Kraft trat, der von den Volksbeauftragten am 12. November 1918 beendete Belagerungszustand in seinen verschiedenen Formen im Deutschen Reich nicht schon längst wieder zum unverzichtbaren Repertoire der Regierungspraxis gehört hätte. Der Reichspräsident hatte am 13. April 1919 die nach dem Art. 68 der alten Reichsverfassung dem Kaiser zustehende Vollmacht benutzt, um über das Land Braunschweig den „Kriegszustand“ zu verhängen[20], und das preußische Staatsministerium hatte vom Frühjahr bis zum Herbst des gleichen Jahres aufgrund des Gesetzes von 1851 mehr als 50mal den Belagerungszustand in verschiedenen Landesteilen verkündet[21], in Bayern war der dort geltende Kriegszustand bayerischen Sonderrechts noch gar nicht aufgehoben gewesen. So standen weite Gebiete des Deutschen Reiches unter Ausnahmegesetzgebung alten Rechtes, als die neue Verfassung am 14. August 1919 wirksam wurde. Damit war allerdings ein bestehender Belagerungs- oder Kriegszustand keineswegs aufgehoben; wenn er nun auch nicht mehr aufs Neue verhängt werden konnte, so wurde doch seine weitere Geltung von der Verfassung (Art. 178,3) ausdrücklich bestätigt. So kam der Belagerungszustand in Preußen erst im Januar 1920 historisch zur Liquidation, nachdem der Reichspräsident durch seine Verordnung vom 13. Januar 1920 für weite Teile Deutschlands von seinen Diktaturvollmachten Gebrauch gemacht hatte[22] und die dadurch geschaffene Rechtslage den Belagerungszustand alter Art überdeckte und überflüssig machte[23]. Wenn es der Zweck der vom

[20] RGBl. S. 391. Am 23. April 1919 folgte eine entsprechende Verordnung für den Freistaat Sachsen. RGBl. S. 429, am 30. Juni 1919 eine weitere für Hamburg, Altona und Wandsbek. RGBl. S. 637.

[21] Verfassunggebende Preußische Landesversammlung 1919 Drucksache Nr. 754 enthält eine Liste der einzelnen Fälle.

[22] RGBl. S. 207.

[23] Verordnung des preußischen Ministerpräsidenten vom 12. Januar 1920. Staatsarchiv Münster. Oberpräsidium Nr. 6321. Ein Überblick über die Anwendung der Aus-

Reichspräsidenten getroffenen Maßnahmen war, den Gefahren für die öffentliche Ordnung mindestens ebenso wirkungsvoll zu begegnen, wie dies mit dem dadurch abgelösten Belagerungszustand möglich gewesen war, dann lag es nahe, daß dieser in seinen Grundelementen übernommen und praktisch in neuer Form weitergeführt wurde. So hat der Reichspräsident bereits am 20. Oktober 1919 für die Kreise Schleusingen und Ohrdruf sowie die Stadt Zella-Mehlis sieben Grundrechte suspendiert, die vollziehende Gewalt dem Reichswehrminister übertragen, der sie an die Militärbefehlshaber weiterverleihen konnte, und „die im Interesse der öffentlichen Sicherheit“ ergehenden Anordnungen des Reichswehrministers und der Militärbefehlshaber mit besonderen Strafsanktionen versehen. Auch die angedrohten Strafmaße und die zugelassenen Rechtsmittel entsprachen vollständig den während des Weltkrieges gehandhabten Normen des alten Belagerungszustandes, dessen Grundgerüst hier kraft neuen Verfassungsrechtes wieder aufgerichtet erscheint. Allerdings fehlten in der Verordnung des Reichspräsidenten vom 20. Oktober 1919[24] noch Entsprechungen zu den alten Vorschriften, die bestimmte Tatbestände mit verschärften Strafen bedrohten und die Einsetzung von Kriegsgerichten ermöglichten. Aber dies bedeutete keinen generellen Verzicht auf diese Mittel, sondern lediglich ihre Nichtanwendung im gegebenen Falle, wie überhaupt dieser Rückgriff auf das Modell des preußischen Belagerungszustandes keine aus Zeitdruck entstandene Verlegenheitslösung darstellt, sondern aus dezidierter Politik erwuchs. Am 16. Juni 1919, also fast zwei Monate vor der Verabschiedung der neuen Verfassung durch die Nationalversammlung, hatte der preußische Kriegsminister Reinhardt, der im Kabinett des Reichsministerpräsidenten Scheidemann Sitz ohne Stimme besaß, darauf aufmerksam gemacht, daß in Zukunft der Reichspräsident „die Einzelheiten selbst anordnen müsse“, solange zu Art. 48 (in damaliger Zählung noch: 49) kein Ausführungsgesetz vorliege. Das Kabinett beschloß daraufhin in gleicher Sitzung: „Das Reichsministerium des Innern soll das Ausführungsgesetz unverzüglich vorbereiten, aber erst nach Annahme der Reichsverfassung einbringen.“[25] Damit war jedoch noch keine Ent-

nahmegesetzgebung 1918–1920 bei Walter Jellinek, Revolution und Reichsverfassung. Bericht über die Zeit vom 9. November 1918 bis zum 31. Dezember 1919, in: Jahrbuch des öffentlichen Rechts der Gegenwart 9 (1920) S. 118–120.

[24] Verfassunggebende Deutsche Nationalversammlung Drucksache Nr. 1430.

[25] Das Kabinett Scheidemann (Akten der Reichskanzlei. Weimarer Republik, hrsg. von Karl Dietrich Erdmann und Wolfgang Mommsen), bearb. von Hagen Schulze. Boppard 1971. S. 467.

scheidung getroffen, wie in der Übergangszeit bis zur Rechtskraft dieses neuen Gesetzes verfahren werden sollte. Diese Lücke zu füllen, mußte im dringenden Interesse des Militärs liegen, das nach Inkrafttreten der Verfassung eine neue Rechtsgrundlage für seine künftige Verwendung im Innern brauchte. Es war darum der Reichswehrminister Noske, der in der Kabinettssitzung vom 26. Juni auf die Ausarbeitung dieser „inzwischen notwendig werdenden Verfügung des Reichspräsidenten" drängte. Das Kabinett überwies diese Aufgabe „in Verbindung mit den sonst beteiligten Stellen" dem Reichsjustizminister[26]. Dieser legte dann schon am 6. Juli einen Entwurf vor, an dem das Reichsinnenministerium und das preußische Kriegsministerium – ein Reichswehrministerium existierte ja noch nicht – mitgewirkt hatten[27].

Dieser zehn Paragraphen umfassende Entwurf zeigt bereits alle Kennzeichen dessen, was die systematisierende Jurisprudenz später als den „militärischen Ausnahmezustand" bezeichnete, was aber auch den preußischen Belagerungszustand ausgemacht hatte: Außerkraftsetzung von sieben Grundrechten, Übergang der vollziehenden Gewalt auf den Reichswehrminister, der sie an die Militärbefehlshaber weitergeben konnte, Verschärfung von Strafsanktionen, Bildung außerordentlicher Gerichte. Das Reichskabinett diskutierte diesen Entwurf am 22. Juli[28]. Hier stand wie bei allen späteren Beratungen nicht das Grundmuster der künftigen Verordnungen des Reichspräsidenten im Mittelpunkt der Überlegungen, sondern Detailbestimmungen über Sondergerichtsbarkeit und Strafverschärfungen. Die deutliche Einmütigkeit der Auffassungen im Grundsätzlichen führte dazu, daß die weiteren Diskussionen im Kabinett wie auch die Überlegungen des Reichspräsidenten nur mehr der Verfeinerung und Präzisierung des ursprünglichen Entwurfs dienten, der im Zuge solcher kritischen Prüfungen von zehn auf zwölf Paragraphen anwuchs. Am 30. Juli beschloß das Kabinett, den Entwurf vorerst nicht zu veröffentlichen, traf aber zugleich die für die spätere Praxis wichtige Entscheidung, daß nämlich nicht in jedem Falle sofort die Gesamtheit des in den zwölf Paragraphen umschriebenen Instrumentariums angewendet werden sollte. „Eintretendenfalls werden zunächst

[26] Auszug aus dem Protokoll der Sitzung des Reichsministeriums vom 26. Juni 1919. Bundesarchiv (BA). R 43 I/2698.

[27] Schreiben des Unterstaatssekretärs im Reichsjustizministerium, Delbrück, an den Präsidenten des Reichsministeriums, Bauer, vom 6. Juli 1919 nebst Anlage. BA. R 43 I/2698.

[28] Auszug aus dem Protokoll der Sitzung des Reichsministeriums vom 22. Juli 1919. BA. R 43 I/2698.

die §§ 1–5, im Falle der Verschlimmerung der Lage die §§ 6–11 in Kraft gesetzt.“[29] Die Einsetzung von Kriegs- und Standgerichten sowie die Androhung der Todesstrafe für bestimmte Kapitalverbrechen sollte somit erst bei Fällen ernsterer Gefährdung der öffentlichen Sicherheit und Ordnung erfolgen. Die spätere Unterscheidung von „einfachem“ und „verschärftem“ Ausnahmezustand war damit vorgegeben.

Als der Reichspräsident am 20. Oktober 1919 für Schleusingen, Ohrdruf und Zella-Mehlis von seinen Vollmachten nach Art. 48,2 Gebrauch machte[30], waren die Vorarbeiten innerhalb der Reichswehrführung für die Verwendung der Armee im Innern nach neuem Verfassungsrecht eben abgeschlossen. Der Chef des Truppenamtes, Generalmajor v. Seeckt, gab am 18. Oktober 1919 den Reichswehr-Gruppenkommandos eingehende Direktiven für das nunmehr aufgrund der neuen Verfassung zu beobachtende Verfahren und übermittelte bei dieser Gelegenheit die im Laufe der zurückliegenden Zeit vom Reichskabinett und Reichspräsidenten erarbeiteten Entwürfe für eine solche Musterverordnung und zwar als „Einfache Verordnung“ von sechs und als „Verschärfte Verordnung“ von zwölf Paragraphen[31]. Es spricht für den Vorrang, den das Militär auch geschäftsordnungsmäßig in dieser Angelegenheit besaß, daß den Ländern diese Entwürfe erst am 6. November durch den Vizekanzler Schiffer bekannt gemacht wurden. Selbst der Unterstaatssekretär der Reichskanzlei erfuhr erst am 21. Oktober, drei Tage später als die Reichswehr-Gruppenkommandos, daß der Musterentwurf fertiggestellt sei.

Für die Handhabung des neuen Verfahrens wurden im gleichen Zuge von der Reichskanzlei „Richtlinien“ verfaßt, die am 9. Dezember den betroffenen Ministerien mitgeteilt und am 9. Januar 1920 in Kraft gesetzt wurden[32]. Sie gingen wie selbstverständlich davon aus, daß der Reichswehrminister generell für die Bearbeitung dieser Materie im Kabinett und ihre Vertretung im Reichstag zuständig sei. Hiergegen hatte allerdings der neue Reichsinnenminister Koch Einspruch erhoben, „in erster Linie für die Aufrechterhaltung der inneren Ordnung verantwortlich“ sei das von ihm geleitete Ressort und diesem gebühre deshalb „an sich“ auch die parlamentarische Vertretung der vom Reichs-

[29] Auszug aus dem Protokoll der Sitzung des Reichsministeriums vom 30. Juli 1919. BA. R 43 I/2698.

[30] S. Anm. 24.

[31] Heinz Hürten (Bearb.), Zwischen Revolution und Kapp-Putsch. Militär und Innenpolitik 1918–1920. (Quellen zur Geschichte des Parlamentarismus und der politischen Parteien. 2. Reihe Bd. 2). Düsseldorf 1977. Nr. 114.

[32] Ebd. Nr. 138 und Nr. 142 Anm. 2.

präsidenten aufgrund des Artikels 48 ergriffenen Maßnahmen. „Die Zuständigkeit des Herrn Reichswehrministers dürfte nicht für den Erlaß derartiger Anordnungen, sondern nur für deren richtige Durchführung gegeben sein."[33] In der Reichskanzlei hat Geheimrat Brecht den Standpunkt des Reichsinnenministers unterstützt und gemeint, daß die durch das Vorgehen mit Art. 48 aufgeworfenen Rechtsfragen zu schwierig seien, um ihre zureichende Erledigung dem Reichswehrministerium und den dort tätigen Offizieren zumuten zu dürfen[34]. Aber mit der Verordnung des Reichspräsidenten vom 13. Januar 1920[35] war das in den „Richtlinien" festgestellte Verfahren schon praktiziert worden, noch ehe Brecht sein Votum formuliert hatte.

Auf den Entstehungsprozeß der Verordnungsentwürfe wie der „Richtlinien" hat der Reichswehrminister, soweit nach der Quellenlage erkennbar, im wesentlichen durch sein Drängen auf baldige Fixierung einer neuen Rechtsgrundlage für das Einschreiten des Militärs im Innern eingewirkt: „Die Truppen müssen mit einwandfreien Vorschriften über den Waffengebrauch, Verhaftungen usw. versehen werden."[36] Darüber hinaus läßt sich ein Einfluß des Reichswehrministers auf den sachlichen Gehalt in zwei verschiedenen Komplexen konstatieren. So legte Noske Wert darauf, den durch die Verordnung des Reichspräsidenten begründeten Rechtsstatus amtlich als „Ausnahmezustand" zu bezeichnen[37]. Die in der Gestaltung von Verordnungsentwürfen und „Richtlinien" bereits stark ausgebildete Tendenz, auf die unterschiedlichen Situationen, die ein Vorgehen des Reichspräsidenten nach 48,2 erforderlich machten, mit einem gleichförmigen, an einem einzigen Muster orientierten Verfahren zu reagieren, wäre zweifellos erheblich verstärkt worden, wenn der vage Terminus „Ausnahmezustand" offiziell verwendet und mit konkretem rechtlichem Gehalt angefüllt worden wäre. Mit dieser Absicht ist der Reichswehrminister allerdings auf die Dauer nicht durchgedrungen. Die ersten Verordnungen des Reichspräsidenten kraft Art. 48,2 vom 20. und 30. Oktober 1919[38] haben die Eingangsformel:

[33] Schreiben des Reichsinnenministers Koch an den Unterstaatssekretär in der Reichskanzlei Albert vom 6. Januar 1920. BA. R 43 I/2699.

[34] Die Stellungnahme Brechts handschriftlich auf der Rückseite des Schreibens von Koch (s. vorige Anm.).

[35] S. Anm. 22.

[36] Schreiben des Reichswehrministers Noske an den Reichsinnenminister David vom 30. September 1919. Geheimes Staatsarchiv, Preußischer Kulturbesitz. Berlin. Rep. 84a/11655.

[37] Ebd.

[38] Verfassunggebende Deutsche Nationalversammlung Drucksachen Nr. 1430 und Nr. 1437.

„Auf Grund des Art. 48 der Reichsverfassung verhänge ich zur Wiederherstellung der öffentlichen Sicherheit und Ordnung [...] den Ausnahmezustand und ordne folgendes an." Aber seit der Verordnung für den Kreis Bitterfeld vom 21. November 1919[39] hieß es nur noch: „Auf Grund des Art. 48 der Reichsverfassung verordne ich zur Wiederherstellung der öffentlichen Sicherheit und Ordnung [...] folgendes." Die „Richtlinien" vom 9. Dezember[40] sahen auch ausdrücklich vor, daß der Ausdruck „Belagerungs-" oder „Ausnahmezustand" nicht verwendet werde. Der Versuch, auf dem Umweg über die Verordnungspraxis des Reichspräsidenten ein rechtlich fixiertes Institut nach Art des alten Belagerungs- oder Kriegszustands zu schaffen, war damit gescheitert und die Möglichkeit offen gehalten, die jeweiligen Anordnungen des Reichspräsidenten den Umständen entsprechend variabel zu gestalten.

Der andere Schwerpunkt von Noskes Interesse an der Neuregelung des Ausnahmerechts betraf die Verfügungsgewalt über die Reichswehr bei ihrer Verwendung im Innern. Ihm lag an der Feststellung, daß die Länder, die nach Art. 48,4 im Vorgriff für den Reichspräsidenten handeln konnten, nicht die Möglichkeit erhielten, sich Truppen der Reichswehr zu unterstellen[41]. Konsequent hat er auch im November 1919, als das sächsische Militär nach dem Inkrafttreten der Reichsverfassung seine alte Eigenständigkeit verlor, den Reichspräsidenten aufgefordert, ihm die vollziehende Gewalt für den seit dem 23. April unter Kriegszustand stehenden Freistaat Sachsen zu übertragen, „da eine Unterstellung der Reichswehr oder ihrer Befehlshaber unter eine Landesregierung nicht in Betracht" komme[42]. Die am 9. Januar 1920 festgestellten „Richtlinien" entschieden denn auch, daß die Verwendung von Truppen in jedem Falle dem Reichspräsidenten vorbehalten bleibe.

Eine wichtige Neuerung gegenüber der alten Praxis des Belagerungszustands stellte in den seit Oktober 1919 Gestalt annehmenden Maßnahmen nach Art. 48 das Amt des zivilen Regierungskommissars dar, der bei Maßnahmen des Militärbefehlshabers auf dem Gebiete der Verwaltung mitzuwirken hatte und dessen Zustimmung für bestimmte Anordnungen erforderlich war. Allerdings lag auch hier eine Anknüpfung an ein älteres Vorbild vor. Am 15. Oktober 1918 hatte eine Allerhöchste Verordnung des Kaisers die Militärbefehlshaber verpflichtet, die ihnen

[39] Verfassunggebende Deutsche Nationalversammlung Drucksache Nr. 1536, bei Jellinek S. 119.
[40] S. Anm. 32.
[41] Hürten Nr. 119 und Nr. 141.
[42] Ebd. Nr. 131.

aufgrund des Kriegszustandes zustehenden Befugnisse „nur im Einvernehmen mit den von den Landeszentralbehörden bestimmten Verwaltungsbehörden auszuüben“[43]. Der bald darauf eingetretene Zusammenbruch hatte diese Reform nicht mehr wirksam werden lassen, wenngleich sie in ihrer rechtlichen Geltung mit dem Recht des Belagerungszustands die Novemberrevolution überdauert hatte. Der preußische Innenminister hatte darum am 26. April 1919 beim Reichswehrminister Klage geführt, daß die Militärbefehlshaber sich nicht an diese Vorschrift hielten und wie zuvor ihre Befugnisse unter dem Belagerungszustand ohne die Mitwirkung solcher zivilen Kommissare oder der regulären Zivilbehörden ausübten[44]. Die Frage der Koordination von militärischen und zivilen Behörden in Krisenzeiten war ungefähr gleichzeitig auch von der sozialdemokratischen Fraktion der Nationalversammlung aufgeworfen worden, als sie versuchte, dem Reichs- und Staatskommissar für Ost- und Westpreußen, August Winnig, größere Befugnisse unter den Bedingungen des dort geltenden Belagerungszustands zu vermitteln. Die eindeutige Rechtslage nach dem Gesetz über den Belagerungszustand hatte jedoch weitergehende Änderungen verhindert und es nur dazu kommen lassen, daß dem Reichs- und Staatskommissar eine begrenzte und vom guten Willen des Militärs abhängige Einwirkung auf Entscheidungen der militärischen Behörden eingeräumt wurde[45]. Das neue Institut des Regierungskommissars sollte nun den Zivilbehörden jenes Maß an Mitwirkung sichern, das vordem nicht hatte durchgesetzt werden können.

Die der Armee bei der Neuordnung des Ausnahmerechts zufallende Rolle ist bei den staatlichen Behörden außerhalb der Reichsregierung keineswegs als selbstverständlich oder gleichsam naturgegeben betrachtet worden. Die Erfahrungen mit der Ausübung der vollziehenden Gewalt durch das dafür nicht qualifizierte Militär, die während des Kriegs manchen Anlaß zur Klage gegeben hatte, lagen noch nicht lange genug zurück, um schon vergessen zu sein. Hinzu trat das Bedenken, daß viele Offiziere nicht gerade als die besten Stützen des jungen republikanischen Staates gelten könnten. „Die politische Bildung der Offiziere, namentlich der jüngeren, ist viel zu gering, ihre politische Orientierung viel zu ein-

[43] Armee-Verordnungs-Blatt S. 595. Hierzu auch Wilhelm Deist, Zur Institution des Militärbefehlshabers und des Obermilitärbefehlshabers im ersten Weltkrieg, in: Jahrbuch für die Geschichte Mittel- und Ostdeutschlands 13/14 (1966) S. 237.

[44] Schreiben des preußischen Innenministers Heine an den Reichswehrminister Noske vom 26. April 1919. BA. R 43 I/1844.

[45] Protokoll einer Besprechung von Vertretern der beteiligten Ressorts am 7. Mai 1919 im Reichsjustizministerium. BA. R 43 I/1844.

seitig nach einer den Bedürfnissen der Gegenwart fremden Richtung eingestellt, um hier eine ersprießliche Arbeit erwarten zu können," schrieb der preußische Innenminister[46]. Dieser betrachtete die ganze Regelung des Ausnahmerechts als wenig glücklich. „Ich halte die Lösung der Frage in den Verordnungen des Herrn Reichspräsidenten, wonach von vornherein die vollziehende Gewalt dem Reichswehrminister übertragen und diesem ein Zivilkommissar an die Seite gestellt wird, dessen Einvernehmen der militärische Befehlshaber sich sichern muß, nicht für praktisch. Ich fürchte von solcher Zweiköpfigkeit Reibungen und zugleich eine Lähmung der militärischen Aktion. Außerdem sehe ich überhaupt in der Belastung des Reichswehrministers mit den kleinen plizeilichen Funktionen des Belagerungszustands eine Gefahr für das Ansehen des Heeres. Die Ausschaltung des Reichswehrministers von diesen Aufgaben und die Heranziehung der Truppe nur zu eigentlichen Kampfhandlungen läge durchaus im Interesse der Reichswehr." Aber alle Bemühungen, eine zivile Instanz, Regierungs- und Oberpräsidenten oder den preußischen Staatskommissar für die Überwachung der öffentlichen Ordnung, zum Exekutor der dem Reichspräsidenten zustehenden außerordentlichen Vollmachten zu machen[47], drangen nicht durch. Ihr Erfolg würde der Reichswehr einen wichtigen Ansatzpunkt genommen haben, je wieder in eine vergleichbare Rolle zu gelangen, wie sie diese während des Krieges besessen hatte. Den Verwaltungsbehörden hingegen, und damit dem zivilen und – an der Realität der Weimarer Republik gemessen – auch der parlamentarischen Kontrolle stärker ausgesetzten Element der staatlichen Exekutive, würde eine solche Entscheidung ein Gewicht zugemessen haben, das ihre Autorität nicht allein für den friedlichen Alltag, sondern auch im Ernstfall der Krise gefestigt hätte. Mit der Angleichung der Maßnahmen des Reichspräsidenten zur Aufrechterhaltung der politischen Ordnung an den alten Belagerungszustand war aber eine nicht unbedeutende Schwerpunktverschiebung in der Aufgabenverteilung der staatlichen Exekutive zugunsten des Militärs eingetreten. Die Armee wurde nun auch formell zum Zentrum staatlicher Machtbildung im Innern, was sie in der Praxis schon wieder

[46] Schreiben des preußischen Innenministers Heine an den Reichskanzler Bauer vom 29. November 1919. Geheimes Staatsarchiv, Preußischer Kulturbesitz, Berlin. Rep. 84a/11655.

[47] Bericht des Oberpräsidenten der Provinz Westfalen, Würmeling, an das preußische Justizministerium vom 8. Oktober 1919. Geheimes Staatsarchiv, Preußischer Kulturbesitz. Berlin. Rep. 84a/11655; ebd. Stellungnahme des Staatskommissars für die Überwachung der öffentlichen Ordnung vom 11. November 1919.

war, seit in den Unruhen der Jahreswende 1918/19 und des Frühjahrs 1919 ihre Freiwilligenverbände als wichtigste Stütze der Regierungsgewalt alle Pläne für die Bildung neuartiger Volkswehren zu politischer Makulatur gemacht hatten. Der Erste Generalquartiermeister, Generalleutnant Groener, gehörte zu den ersten, welche die Bedeutung des neuen Ausnahmerechts für die Rolle des Militärs und seine politischen Zielsetzungen erkannten. Schon am 7. August schrieb er dem wenige Wochen zuvor von seinem Kommando zurückgetretenen Generalfeldmarschall v. Hindenburg: „Für Zeiten neuer revolutionärer Unruhen ist eine Verordnung auf Grund der neuen Reichsverfassung vorbereitet, die dem Reichswehrminister in denjenigen Gebieten, wo die Verordnung durch den Reichspräsidenten in Kraft gesetzt wird, so umfassende Vollmachten gibt, daß man von diktatorischen sprechen kann. Die Verordnung übertrifft in dieser Beziehung die Vollmachten des alten Belagerungszustandsgesetzes. Die entscheidende Frage aber bleibt, ob der Reichspräsident *rechtzeitig* die Verordnung aus dem Schubfach hervorholt und gegebenenfalls entschlossen ist, sie auch für das ganze Reichsgebiet in Kraft zu setzen, wenn die Unruhen größeren Umfang annehmen sollten."[48]

Die Führung der Reichswehr hat trotz gelegentlich bekundeter Abneigung gegen jede Art von Polizeidienst und Verstrickung in innere Auseinandersetzungen[49] in dieser Zeit die Aufrechterhaltung der staatlichen Ordnung regelmäßig als der Verteidigung nach außen mindestens gleichwertig betrachtet[50], und das durch Zusammenbruch und Revolution angeschlagene Selbstbewußtsein der im Dienst verbliebenen Solda-

[48] Brief des Ersten Generalquartiermeisters, Generalleutnant Groener, an den Generalfeldmarschall v. Hindenburg vom 7. August 1919. BA-Militärarchiv. N 46/37.

[49] Befehl des Chefs der Heeresleitung, General v. Seeckt, vom 10. September 1923 über den Einsatz im Innern. BA. II H 248: „Die Abneigung des Soldaten, in den inneren Kampf einzugreifen und Polizeidienste zu verrichten, ist begründet." Auch der preußische Kriegsminister, Oberst Reinhardt, erklärte am 16. April 1919: „Als Soldat würde ich hoch erfreut sein, wenn ein neues Belagerungszustandsgesetz herausgegeben werden könnte, das möglichst viel von Recht den militärischen Behörden abnehmen könnte." Kabinett Scheidemann S. 169f.

[50] Die Denkschrift des zur Vorbereitung eines neuen Heeres eingesetzten Reichswehrausschusses vom 11. Mai 1919 (BA-Militärarchiv. W 01–2/1) sah eine „gleichmäßig über das Reich verteilte Sicherheitsarmee" zur Unterdrückung von Unruhen vor, die durch bewegliche Reserven ergänzt werden sollte. In seinem Schreiben vom 8. August 1919 an das preußische Kriegsministerium sprach sich der Erste Generalquartiermeister, Generalleutnant Groener, dafür aus, das durch den Friedensvertrag festgelegte, für die Kriegführung unzweckmäßige Stärkeverhältnis der Kavallerie zur Infanterie nicht abzuändern, weil eine starke Kavallerie beim Einsatz im Innern „eine sehr wertvolle Hülfe" sei. Ebd. W 01–2/6.

ten gewann neue Kraft aus der Überzeugung, daß die Truppe nicht nur für die gefährdete Regierungsgewalt, sondern auch für alle Rekonstruktion im Innern und Äußeren die einzige Basis sei. So schrieb das Bayerische Gruppenkommando im Juni 1919 an die unterstellten Verbände: „Unter dem Schutz der jungen Reichswehr muß eine sinnvolle Neubegründung aller innerstaatlichen Verhältnisse unseres Vaterlandes durchgesetzt werden können; erst wenn der Staat wieder Herr im eigenen Hause ist, wird eine Besserung der außenpolitischen Lage möglich werden. Die Reichswehr ist also der Eckpfeiler, an dem die letzten Reste und die ersten Anfänge unseres sozialen, wirtschaftlichen und staatlichen Selbstbestimmungsrechtes festgeknüpft werden müssen."[51]

So scheint die Truppe nie einen Zweifel gehabt zu haben, daß trotz der verfassungsmäßigen Umgestaltung des Ausnahmerechtes auch in der Republik die Aufrechterhaltung des inneren Friedens zu ihren unbestrittenen Kompetenzen gehöre. Das Truppenamt, die Nachfolgeinstitution des früheren Generalstabs, hat die Oberbefehlshaber der Gruppenkommandos im Oktober 1919 belehrt, daß mit dem Inkrafttreten der Reichsverfassung auch das bisherige Recht der Militärbefehlshaber in Preußen erloschen sei, von sich aus im Bedarfsfalle den Belagerungszustand zu verhängen, sie aber zugleich aufgefordert, ggfs. Maßnahmen nach Art. 48,2, die ihnen notwendig erschienen, auf dem Dienstwege beim Reichswehrministerium zu beantragen[52]. Wenn damit auch die verfassungsmäßige Zuständigkeit des Reichspräsidenten für den Erlaß solcher Verordnungen nicht berührt wurde, so zeigt sich hier doch eine Veränderung der Gewichte. Die Reichswehr, anstatt lediglich als ultima ratio des Reichspräsidenten zur Disposition zu stehen, fungierte hier wieder als ein ständiges Organ der inneren Sicherheit, das von sich aus beim Reichspräsidenten tätig wurde, um in die Funktion zu gelangen, die ihm vordem zugekommen war.

Es war die fast unvermeidliche Konsequenz solcher Aufgabenstellung, daß die Truppe sich auf das Gebiet der heute sog. Inlandsaufklärung begab und versuchte, sich laufend über alle innenpolitischen Vorgänge zu informieren. In Bayern, für das wir aufgrund der Quellenlage am besten unterrichtet sind, versuchte das Gruppenkommando sogar mit wenigstens teilweisem Erfolg, die Berichterstattung der zivilen Verwaltungsbehörden über politische Vorgänge der eigenen Information dienlich zu machen[53]. Aber auch die einzelnen Truppenteile berichteten in

[51] Hürten Nr. 47.
[52] S. Anm. 31.
[53] Hürten Nr. 134 und Nr. 135 Anm. 2.

festem Turnus an ihre Vorgesetzten nicht nur über die Angelegenheiten des eigenen Dienstbetriebs, sondern über alle ihnen bekannt werdenden Ereignisse auf dem Gebiet der inneren Politik[54]. Die Reichswehr-Gruppenkommandos ihrerseits legten dem Reichswehrministerium regelmäßig Berichte zur inneren Lage vor.

Mit dieser Berichterstattung besaß die Reichswehr zweifellos eine gewisse Möglichkeit, auf die Willensbildung der Reichsregierung Einfluß zu nehmen, und die nicht vollständig erhaltenen Berichte lassen deutlich genug erkennen, daß hier nicht nur Befunde referiert, sondern ebenso Konsequenzen empfohlen wurden. So nahm der Oberbefehlshaber des Gruppenkommandos 2 in Kassel, General v. Schoeler, keinen Anstand, in seinem Bericht vom 6. November 1919 zur Prophylaxe gegen einen von ihm vorausgesagten Aufstand der Arbeiterschaft sehr dringlich ein umfängliches sozialpolitisches Programm vorzuschlagen, dessen einzelne Punkte, weil sie politisch nicht durchsetzbar schienen, mit Hilfe des Art. 48 erzwungen werden sollten. Das Recht, mit derartigen Anregungen an die Regierung heranzutreten, leitete General v. Schoeler aus der Sorgepflicht für die ihm unterstellten Truppen ab, die nach seiner Auffassung bei den „Unruhen, die infolge der mangelnden Vorbeugungsmaßnahmen bestimmt ausbrechen, mit ihrem Blute die Unterlassungssünden der Regierung zu büßen“ haben würden[55].

In ähnlicher Weise benutzte das Bayerische Gruppenkommando seinen Monatsbericht über die politische Lage vom 9. März 1920 – also wenige Tage vor dem Kapp-Lüttwitz-Putsch – zu einer Lektion über die „Aufrichtung und Besserung unserer Verhältnisse“. Weite Teile des Volkes, so wurde hier geklagt, seien dabei, „durch maßlose Ansprüche, Zuchtlosigkeit und Pflichtvergessenheit unsere Wirtschaft zu zerstören. Hier muß die Besserung einsetzen. Ganz ohne Zwang ist das nicht möglich. Hiezu ist eine Regierung von energischen Staatsmännern nötig“. Die bayerische Staatsregierung des sozialdemokratischen Ministerpräsidenten Hoffmann wie gemeinhin die Zivilbehörden ließen aber nach Ansicht des Gruppenkommandos die erforderliche Energie vermissen. „Wenn es daher zur Anwendung von Gewalt kommt“, – so verlangte der Bericht weiter – „dann müssen die gesamten Exekutivbefugnisse, nicht nur das Einschreiten mit der Waffe dem Militärbefehlshaber übertragen werden“[56]. Diese Forderung, die hier nur durch die Lauheit der zivilen Behörden motiviert erscheint, dürfte im Kreise der hohen Militärs zen-

[54] Ebd. Nr. 63, Nr. 93 und Nr. 134 Anm. 1.
[55] Ebd. Nr. 126.
[56] Ebd. Nr. 182.

trale Bedeutung besessen haben; denn in einer Reihe anderer Zeugnisse tritt unverkennbar das Bestreben der Armee hervor, sich für die Durchführung der diktatorischen Vollmachten des Reichspräsidenten die alleinige Zuständigkeit zu sichern.

Das Heer stellte zwar nach der Verfassung von 1919 – anders als im Kaiserreich – eine Reichsinstitution dar, die als solche für exekutive Maßnahmen des Reiches vorrangig in Betracht kam. Aber es hätte dem Reichspräsidenten ebenso freigestanden, seine Befugnisse durch zivile Kommissare ausüben zu lassen, die den Ländern unterstellte Polizei zu requirieren und andere Länderorgane heranzuziehen. Zudem besaßen die Länder sogar nach Art. 48,4 einen gewissen Spielraum zur Entfaltung eigenverantwortlicher Aktivität in Krisensituationen. „Bei Gefahr im Verzuge" konnten sie vorbehaltlich der Zustimmung des Reichspräsidenten die gleichen Vollmachten ausüben wie dieser kraft Art. 48,2, und Länder wie Preußen und Bayern waren nicht gewillt, auf solche Aktionsmöglichkeiten zu verzichten. Die preußische Regierung bereitete schon im August 1919 eine Verordnung vor, die sie in solchen Fällen erlassen wollte; sie deckte sich inhaltlich weitgehend mit jener, die damals das Reichskabinett diskutierte[57]. Nachdem die Reichsregierung das für die Zukunft vorgesehene Procedere im Notstand festgelegt und den Ländern mitgeteilt hatte, beschloß die preußische Staatsregierung am 1. Dezember 1919, die ihr nach Art. 48,4 zustehenden Rechte „nicht ohne Not aufzugeben" und die mit der Formel „Gefahr im Verzuge" gesetzte Bedingung für ihr Handeln „möglichst weit auszulegen"[58].

Bayern ging via facti über solche Interpretationsmöglichkeiten noch hinaus, indem die Staatsregierung bei der Aufhebung des Kriegszustands nach bayerischem Sonderrecht zum 1. Dezember 1919 vorsorglich durch Verordnung nach Art. 48,4 die weitere Geltung jener aufgrund des Kriegszustandsgesetzes erlassenen Anordnungen sicherstellte, auf die sie auch in Zukunft nicht verzichten wollte[59].

Eine Teilhabe der Länder an der Diktaturgewalt des Reichspräsidenten sollte aber nach den Absichten der Reichswehr und des Reichswehrministeriums möglichst verhindert werden. Gegen die anfängliche Tendenz des Reichswehrministeriums, die den Ländern nach Art. 48,4

[57] Schreiben des preußischen Innenministeriums an den preußischen Ministerpräsidenten Hirsch vom 4. August 1919. Geheimes Staatsarchiv, Preußischer Kulturbesitz. Berlin. Rep. 84a/11654.

[58] Protokoll einer Besprechung im preußischen Staatsministerium vom 1. Dezember 1919. Geheimes Staatsarchiv. Preußischer Kulturbesitz. Berlin. Rep. 84a/11654.

[59] Schultheß' Europäischer Geschichtskalender. Neue Folge 35. 1919 I S. 474f.

zustehenden Rechte schlicht zu ignorieren[60], vermochten sich diese freilich in der Wahrung ihres verfassungsmäßigen Besitzstandes zu behaupten. Aber die Ansprüche des Militärs, bei Maßnahmen nach Art. 48 in jedem Falle und ohne weitere Verhandlung die vollziehende Gewalt übertragen zu bekommen, waren im Ernstfall nicht leicht abzuweisen. Der württembergische Gesandte beim Reich erreichte im November 1919 die Zusage von Reichspräsident und Reichswehrminister, daß in Württemberg der Ausnahmezustand nur aufgrund eines Antrags der Staatsregierung verhängt werde[61], und das anscheinend immer noch besorgte Kabinett ließ sich am 20. März 1920, als Reichspräsident und Reichsregierung in ihrer Landeshauptstadt Stuttgart Zuflucht vor Kapp und Lüttwitz gefunden hatten, noch einmal und in aller Form vom Reichspräsidenten erklären, daß er bei Maßnahmen nach Art. 48,2 in Württemberg zuvor die Staatsregierung anhören und sogar den Militärbefehlshaber für Württemberg anweisen werde, der Reichsregierung keinen Antrag auf Ausnahmemaßregeln vorzulegen, ohne vorher die Landesregierung zu konsultieren[62]. Aber in der großen Krise des Herbstes 1923 erhielt der Befehlshaber im Wehrkreis V, zu dem Württemberg gehörte, die vollziehende Gewalt, ohne daß die Landesregierung davon auch nur amtlich in Kenntnis gesetzt worden wäre. Ihre Bemühungen, dem General die Exekutive wieder zu nehmen und auf einen Zivilkommissar zu übertragen, blieben vergeblich[63].

Neben dem Anspruch der Reichswehr, der ausschließlich in Betracht kommende Träger der vollziehenden Gewalt im Ausnahmezustand zu sein, tritt in den Quellen ebenso deutlich ein anderer auf, daß nämlich die Truppen niemals einer Landesbehörde unterstellt werden dürften[64], wobei die Rechte der Länder aus Art. 48,4 ebenso übergangen wurden wie die Bestimmungen des Wehrgesetzes von 1921 und der ihm vorausgegangenen „Weimarer Vereinbarung", die den Ländern ausdrücklich das Recht gaben, die Hilfe der Truppe anzurufen[65]. Dem Standpunkt

[60] Hürten Nr. 148.

[61] Bericht des württembergischen Gesandten in Berlin vom 14. November 1919. Hauptstaatsarchiv Stuttgart. E 130 II Nr. 218.

[62] Ebd.

[63] Protokoll der Sitzung des württembergischen Staatsministeriums vom 27. September 1923. Hauptstaatsarchiv Stuttgart. E 130 II Nr. 218. Ein schriftlicher Protest des württembergischen Staatspräsidenten Hieber an den Reichskanzler Stresemann vom gleichen Tage in BA. R 43 I/2703.

[64] S. Anm. 60.

[65] Das Wehrgesetz vom 23. März 1921. RGBl. S. 329 schrieb in § 17 der Reichswehr vor, den Landesregierungen auf deren Ersuchen bei öffentlichen Notständen „Hilfe zu leisten". Während der Beratungen der Nationalversammlung über die Reichs-

der Reichswehr hätte es entsprochen, wenn ihr, sobald sie zum Eingreifen veranlaßt wurde, die alleinige Kompetenz unter der Verantwortung des Reichswehrministers zugefallen wäre. Eine solche Regelung hätte aber, wäre sie zur dauernden Norm geworden, eine Durchbrechung des föderalen Reichsaufbaus bedeutet. Denn jede Unruhe, deren Beilegung das Eingreifen der Reichswehr erforderlich machte, hätte dann dazu geführt, daß die für innere Sicherheit und Polizei primär zuständigen Länderregierungen unter die Weisungsbefugnis der Reichswehr getreten wären und somit ihre originäre Autorität verloren hätten. „Es wäre ein ganz unhaltbarer Zustand," – so referierte das Sitzungsprotokoll des württembergischen Kabinetts vom 6. November 1919 die Meinung des Ministers Hieber – „wenn ein preußischer General ohne Mitwirkung der [Landes-] Regierung die Verhängung des Ausnahmezustandes beantragen könnte und durch Übernahme der vollziehenden Gewalt die verfassungsmäßige [Landes-] Regierung, die dem Landtag und dem Volk verantwortlich sei, vollständig ausschalten könnte."[66] Aber eben dies war die offenkundige Absicht der Reichswehrführung. Man wird daher vermuten dürfen, daß die Form, die der Ausnahmezustand als Rechtsinstitut in der Zeit bis 1920 annahm, weit weniger herzuleiten ist aus gewissen Notwendigkeiten der Situation und gleichzeitiger Orientierung an Modellen der Vergangenheit als aus dem zielbewußten politischen Willen, die Reichswehr enger noch an die Institution des Reichspräsidenten, den „Ersatzkaiser", heranzuführen und auf diese Weise bei allen inneren Krisen zur letztlich entscheidenden Instanz zu werden. Die Folgewirkung einer Stärkung der Exekutivgewalt des Reiches auf Kosten der Länder, die ohnehin im System des Art. 48 angelegt war, lag durchaus im Sinne der politischen Absichten, die von hohen Reichswehrführern bekannt geworden sind[67].

verfassung war zwischen Reich und Ländern die sog. Weimarer Vereinbarung zustandegekommen, welche die Rechte der Länder bei der Übernahme des Heeres auf das Reich sichern sollte. Nach Ziffer 5 dieser Vereinbarung blieb „das Recht der Landesregierungen, Truppen zu polizeilichen Zwecken und bei öffentlichen Notständen in Anspruch zu nehmen", gewahrt. Martin Rittau, Das Wehrgesetz vom 23. März 1921 (Bücher für Recht, Verwaltung und Wirtschaft Bd. 13). [2]Berlin 1926. S. 170–172.

[66] Auszug aus dem Protokoll der Sitzung des württembergischen Staatsministeriums vom 6. November 1919. Hauptstaatsarchiv Stuttgart. E 130 II Nr. 218.

[67] Zu den unitarischen Neigungen Groeners, der allerdings schon im September 1919 ausgeschieden war, s. Hürten Nr. 15, Nr. 16, Nr. 35 und Nr. 75, zu denen Seeckts Claus Guske, Das politische Denken des Generals v. Seeckt. Ein Beitrag zur Diskussion des Verhältnisses Seeckt-Reichswehr-Politik (Historische Studien Heft 422). Lübeck und Hamburg 1971. S. 82–89.

Das Jahr 1920 konnte die große Bewährungsprobe für die neue Konstruktion des Ausnahmeverfahrens bringen. Denn im Januar wurden weite Teile des Reiches von Ausnahmeverordnungen des Reichspräsidenten erfaßt und das Militär dort mit der vollziehenden Gewalt betraut. Der Reichswehrminister Noske gab den Militärbefehlshabern am 30. Januar 1920 Direktiven für die Handhabung der ihnen übertragenen Vollmachten, die dartun, in welch starkem Maße die Reichswehr in das politische und wirtschaftliche Leben eingreifen sollte[68]. Nach dem von Noske unterzeichneten und von dem im Reichswehrministerium dafür zuständigen Bearbeiter, dem damaligen Major v. Schleicher, vorbereiteten Schreiben war es das Ziel des bestehenden Ausnahmezustandes, Ruhe und Ordnung aufrechtzuerhalten und den befürchteten Zusammenbruch der Wirtschaft zu verhindern. Die vollziehende Gewalt sei daher zweckentsprechend – und soweit wie möglich vorbeugend – einzusetzen, und zwar ebenso durch „Unterdrückung der Hetzpresse" und „Festnahme der Hetzer" wie durch die „Verhinderung von Streiks" und die „Hebung der Produktion". Zu diesem Zweck sollten wiederum „Streikleiter" rechtzeitig festgesetzt, Schieber, Wucherer und Schleichhändler bekämpft und die Erwerbslosenfürsorge so gehandhabt werden, daß die vorhandenen Arbeitskräfte zweckmäßig gelenkt werden könnten. „Wenn die vollziehende Gewalt im Sinne vorstehender Richtlinien vertrauensvoll gehandhabt" werde, so meinte der Befehl, würde „der Ausnahmezustand zum Segen des Vaterlandes ausschlagen".

Wie dieses Stück hinlänglich belegen dürfte, war durch die Militärdiktatur ein gutes Teil der normalen verfassungsmäßigen Ordnung außer Kraft gesetzt, das politische und wirtschaftliche Leben dem Regiment des Militärs unterworfen. Es muß offenbleiben, ob die Reichswehrführung beabsichtigte, den einmal proklamierten Ausnahmezustand zu benutzen, um Fakten zu schaffen, deren Wirkung die Zeit der Diktaturmaßnahmen überdauern sollten, etwa durch Zerschlagung mißliebiger Parteien oder das Verbot ihrer Presse. Denn eben unter dem Regime der Militärbefehlshaber brach der Kapp-Lüttwitz-Putsch aus, der schließlich die Reichswehr in eine tiefe Krise stürzte. Die Armee, die mit ihren außerordentlichen Vollmachten die Republik vor Umsturz und Wirtschaftsverfall schützen sollte, hatte nun selbst – wenn auch nur in starken Teilen – sich gegen die Republik gewandt, den Umsturz, den sie verhindern sollte, hatte sie selbst gewagt. Das System der Militärdiktatur war zutiefst diskreditiert. Wenn die politische Führung ange-

[68] Hürten Nr. 165.

sichts der heftig aufbrandenden Reaktion gegen den Berliner Putsch in Gestalt linker Erhebungen nicht sofort auf die Reichswehr und den Ausnahmezustand verzichten konnte, so drängte sich doch die augenscheinliche Notwendigkeit auf, die Gewalt der Militärbefehlshaber unter strengere politische Kontrolle zu nehmen.

Die Regierung entschloß sich zu raschem Kurswechsel. Am 6. April 1920 stellte eine Chefbesprechung im Hause des Reichskanzlers das neue Verfahren für Ausnahmemaßnahmen fest, das einen unzweideutigen Sieg des Innenressorts über die Ansprüche des Militärs bedeutete[69]. In Zukunft sollte die vollziehende Gewalt, soweit irgend möglich, bei den Zivilbehörden verbleiben, das Militär lediglich zur Unterstützung der Polizei im Bedarfsfalle hinzugezogen werden; die Federführung für alle Fragen des Ausnahmezustands übernahm das Reichsinnenministerium, das Reichswehrministerium sollte nur noch dann kompetent sein, wenn die vollziehende Gewalt wiederum den Militärbehörden übertragen würde.

Wenige Tage später hob der Reichspräsident seine Verordnungen vom Januar wieder auf und übertrug nun zivilen Regierungskommissaren, die der Reichsinnenminister ernannte, die Vollmacht, „Anordnungen zur Wiederherstellung der öffentlichen Sicherheit und Ordnung [...] zu treffen"; die Zivilverwaltungsbehörden wurden ihnen zwar nicht formell unterstellt, hatten aber „im Rahmen ihrer Zuständigkeit" entsprechenden Ersuchen der Regierungskommissare Folge zu leisten[70]. Damit war der sog. zivile Ausnahmezustand nach dem Sprachgebrauch der späteren juristischen Fachliteratur geschaffen, das Militär aus seiner Schlüsselstellung entlassen und der Möglichkeit beraubt, die „Diktatur des Reichspräsidenten" eigenen Zielsetzungen entsprechend auszugestalten. Außerhalb des Ruhrgebiets, wo die Niederschlagung der spontan gegen den Kapp-Lüttwitz-Putsch gebildeten „Roten Armee" noch umfangreiche militärische Operationen erforderlich machte, übergaben die Militärbefehlshaber in der zweiten Hälfte des Monats April die von ihnen ausgeübte vollziehende Gewalt an zivile Reichskommissare[71]. Bedenken der Militärbefehlshaber blieben ohne Wirkung[72]. Das Militär

[69] Chefbesprechung im Reichskanzlerhaus am 6. April 1920. Kabinett Müller I (Akten der Reichskanzlei. Weimarer Republik, hrsg. von Karl Dietrich Erdmann und Wolfgang Mommsen), bearbeitet von Martin Vogt. Boppard 1971. Nr. 14.

[70] Verordnung des Reichspräsidenten vom 11. April 1920. RGBl. S. 479.

[71] Befehl des Reichswehrministeriums. Heeresleitung. Allgemeines Truppenamt vom 15. April 1920. Hauptstaatsarchiv Stuttgart. M 366 Bd. 7 Akte 2.

[72] Meldung des Wehrkreiskommandos VI vom 21. April 1920 an das Reichswehr-Gruppenkommando 2. Hauptstaatsarchiv Stuttgart. M 366 Bd. 7 Akte 2.

hatte im Spiel um die Macht im Innern wenigstens eine Runde verloren.

Ob der neugeschaffene „zivile" Ausnahmezustand sich den Warnungen von militärischer Seite zum Trotz bewähren oder im Ernstfall doch der Rückgriff auf die Armee notwendig würde –, von der Klärung dieser Frage mußte es abhängen, ob die Reichswehr die im März/April 1920 verlorene innenpolitische Position wieder erringen würde. Im März des Jahres 1921 schien der Beweis erbracht, daß selbst bei sehr umfangreichen Unruhen die notwendigen Befriedungsaktionen von zivilen Stellen mit Hilfe der Polizei durchgeführt werden konnten und das Eingreifen von Militär zu deren Unterstützung nur selten und in geringem Umfang erforderlich war. Der mitteldeutsche Aufstand der damals im Banne der „ultralinken" Taktik stehenden KPD wurde von der preußischen Schutzpolizei niedergeworfen, die sich zu weitreichenden Aktionen befähigt erwies, wenn sie auch für den Sturm auf das Leunawerk bei der Reichswehr artilleristische Unterstützung erbitten mußte, über die sie selbst nicht verfügte.

Die Denkschrift, welche die Polizei über ihren erfolgreichen Einsatz veröffentlichte[73], beantwortete die Reichswehr mit einer ausführlichen Stellungnahme[74]. Zuvor schon, alsbald nach den Ereignissen in Mitteldeutschland hatte sie ein Papier, „Grundsätze für den Einsatz der Reichswehr"[75], an den Reichspräsidenten gerichtet, welches das Verfahren bei der Niederwerfung der kommunistischen Märzaktion als gänzlich verfehlt darstellte. Dieses möge zwar „aus innerpolitischen Gründen notwendig gewesen sein", dürfe aber „nicht zur Norm werden". Denn nach dem Urteil des Verfassers, in dem man den Major v. Schleicher vermuten darf, war das Vorgehen in Sachsen „ein Schulbeispiel dafür, wie man es nicht machen soll". Wenn offener Aufruhr zu bekämpfen sei, müsse stets die Reichswehr verwendet werden. Die Gründe, die hierfür ins Feld geführt wurden, waren nicht allein technischer Art, die mangelnde Ausbildung und Ausrüstung der Polizei für solche Aufgaben, die nur unter besonders günstigen Umständen wie jüngst eben in Mitteldeutschland einen Erfolg verspreche; nicht weniger nachdrücklich wurde ein Argument verwendet, das die gleiche unitarisierende Tendenz erkennen läßt

[73] Die Märzunruhen und die preußische Schutzpolizei. Amtliche Denkschrift des Ministers des Innern. Berlin 1921 (u. a. BA R 43 I/2700).

[74] Kritische Bemerkungen zur amtlichen Denkschrift des Preußischen Ministers des Innern über die Märzunruhen 1921. BA. R 43 I/2712.

[75] Verbreitet mit Schreiben des Allgemeinen Truppenamts vom 22. April 1921. Hauptstaatsarchiv Stuttgart. E 130 II Nr. 218.

wie die frühere Handhabung des Ausnahmezustands durch das Militär. Die Denkschrift führte wörtlich aus, „es müsse der Ansicht scharf entgegengetreten werden, als ob das Reich und sein einziger Machtfaktor, die Reichswehr, erst in Erscheinung treten dürften, wenn die Länder darum bitten. Das Reich ist vielmehr nach § 48 der Verfassung berechtigt und verpflichtet, die öffentliche Sicherheit im Reiche wiederherzustellen, wenn sie gestört oder gefährdet wird [...]. Man sollte sich keiner Täuschung darüber hingeben, daß eine zaghafte und unzweckmäßige Bekämpfung von Unruhen von der breiten Masse nicht den Ländern, sondern der Reichsregierung in Rechnung gestellt wird."

Wie der württembergische Staatspräsident Hieber hierzu notierte, lief diese Denkschrift auf nichts anderes hinaus, als die im April 1920 abgeschaffte Praxis des militärischen Ausnahmezustands für die Zukunft wieder zur Regel werden zu lassen; aber wenigstens für Württemberg schien ihm dies „schwer erträglich und politisch unerwünscht"[76].

Die vom Militär angestrebte Änderung des scheinbar für die Dauer festgelegten Verfahrens bei Maßnahmen nach Art. 48,2 der Reichsverfassung trat im Herbst 1923 ein, als in der allgemeinen Krisensituation die bayerische Regierung am 26. September mit der Ernennung des Regierungspräsidenten v. Kahr zum Generalstaatskommissar eine gegen die Reichseinheit gerichtete Sonderpolitik zu beginnen schien[77]. In der darauffolgenden Nacht beschloß der Reichspräsident unter Zustimmung der Reichsregierung, seine Vollmachten nach Art. 48,2 anzuwenden und das ganze Reich dem militärischen Ausnahmezustand zu unterwerfen[78]. Inhaber der vollziehenden Gewalt wurde der Reichswehrminister, der sie den Wehrkreisbefehlshabern übertrug. Reichskanzler Stresemann wurde nun den bei dieser Entscheidung übergangenen Ländern gegenüber zum entschiedenen Fürsprecher des militärischen Ausnahmezustands. „Jede andere Maßnahme hätte die bei der derzeitigen Lage gebotene Einheitlichkeit der Sicherungsmaßnahmen im Reich in Frage gestellt", schrieb er dem empörten württembergischen Staatspräsidenten[79]. Damit hatte der Kanzler selbst die alte These der Reichswehr

[76] Aufzeichnung St. M. 2624 vom 13. März 1921. Hauptstaatsarchiv Stuttgart. E 130 II Nr. 218.

[77] Vgl. den Bericht des Vertreters der Reichsregierung in München, v. Haniel, an die Reichskanzlei vom 27. September 1923. BA. R 43 I/2703.

[78] Die Verordnung des Reichspräsidenten vom 27. September 1923 in RGBl. S. 906; zu ihrer Vorbereitung, zu der nicht alle Reichsminister hinzugezogen wurden, s. das Protokoll der Kabinettssitzung vom gleichen Tage. BA. R 43 I/1387.

[79] Schreiben des Reichskanzlers Stresemann an den württembergischen Staatspräsidenten Hieber vom 29. September 1923. Hauptstaatsarchiv Stuttgart. E 130 II Nr. 218.

übernommen und bestätigt, daß die Armee die einzige Macht sei, auf die das Reich sich im Ernstfall stützen könne. Ob dies Stresemanns eigene letzte Überzeugung war, unterliegt jedoch einigem Zweifel. Wie der württembergische Gesandte in Berlin seiner Landesregierung mitteilte, war für die Ausrufung des militärischen Ausnahmezustands eine Personenfrage maßgebend gewesen[80]. Nach den 1920 getroffenen Regelungen für die Handhabung des Ausnahmerechts wäre der Reichsinnenminister, der Sozialdemokrat Sollmann, Inhaber der vollziehenden Gewalt geworden. Seine Berufung hätte aber nach der Meinung des Reichskabinetts das Verhältnis zu Bayern gefährlich belastet. Darum sei man auf den Reichswehrminister, den Demokraten Geßler, ausgewichen, der als Person überall und als Landsmann sogar in Bayern akzeptiert werden könne. Als Reichswehrminister konnte Geßler aber kein anderes Instrument bei der Ausübung der vollziehenden Gewalt verwenden als eben die ihm (in ständiger Vertretung des Reichspräsidenten) unterstellte bewaffnete Macht. Diese wäre somit, wenn man der Auskunft des württembergischen Gesandten vertrauen darf, nur auf dem Umwege über die Zufälligkeit der personellen Besetzung im Reichsinnenministerium wieder in den Besitz der vollziehenden Gewalt gelangt.

Die Reichswehrführung hatte jedoch offensichtlich im Laufe des Jahres 1923 wieder daran gedacht, die vollziehende Gewalt in ihre Hand zu bringen. Bereits im Mai, als bei einem Konflikt zwischen Reichswehr und Polizei in Hamburg der Reichskanzler Cuno seine verfassungsmäßigen Vollmachten als ungenügend empfand, hatte der Major v. Schleicher „auf die Anwendung des § 48 und den Einsatz der Reichswehr aufmerksam gemacht"[81]. Vom 19. September an waren im Reichswehrministerium die Überlegungen bezüglich eines neuen militärischen Ausnahmezustands nicht mehr abgerissen; das Truppenamt hatte dazu unmittelbare Vorbereitungen getroffen[82].

Württemberg war nicht das einzige Land, das gegen die Unterwerfung unter eine neuerliche Militärdiktatur protestierte. Der hessische Staatspräsident Ulrich legte telegraphisch Widerspruch ein gegen Aus-

[80] Protokoll über die Sitzung des württembergischen Staatsministeriums vom 27. September 1923. Hauptstaatsarchiv Stuttgart. E 130 II Nr. 218.

[81] Das Tagebuch des damaligen Chefs des Truppenamtes, Generalmajor Hasse, das nur in nicht immer zuverlässigen Auszügen und Referaten des Generalleutnants Lieber erhalten ist (BA-Militärarchiv. N 62/40) bildet für die internen Vorgänge im Reichswehrministerium fast die einzige Quelle. Das Zitat entspricht der Formulierung von Lieber.

[82] Ebd.

führungsbestimmungen, die der zuständige Militärbefehlshaber erlassen hatte, weil sie für das zu einem beträchtlichen Teil von alliierten Truppen besetzte und mit dem übrigen Gebiet in der neutralen Zone gelegene Hessen „undurchführbar" seien[83]. Das badische Staatsministerium formulierte seine Ablehnung noch prinzipieller. Es verwies darauf, daß in dem größten Teil des Landes, der auch hier zur entmilitarisierten Zone gehörte, überhaupt keine Befehlsgewalt eines Militärbefehlshabers ausgeübt werden könne, weil diese ja eine Truppe als Stütze der militärischen Diktaturgewalt voraussetze. Die vom Wehrkreiskommando in Stuttgart befohlene Entsendung eines einzelnen Offiziers zur Regierung nach Karlsruhe ändere daran nichts. „Die militärische Befehlsgewalt entbindet keine Regierung eines Landes von ihrer politischen Verantwortung, es bleibt somit nur der beschämende Zustand der Setzung eines Offiziers in das Staatsministerialgebäude als Vormund für eine vom Volk gewählte Regierung."[84] Die anhaltische Staatsregierung verlangte einige Zeit später die Umwandlung des militärischen Ausnahmezustands in einen zivilen, damit auf diese Weise Unzuträglichkeiten vermieden würden, welche die angespannte Situation nur verschärfen könnten[85]. Auch die Reichsregierung war nicht einmütig von der Notwendigkeit des militärischen Ausnahmezustands überzeugt. Der Reichsinnenminister Sollmann vertrat den Standpunkt, daß er „die innerpolitischen Gefahren, die in Mitteldeutschland sich aus der dortigen Lage ergeben, nicht beseitigt, dafür aber neue innerpolitische Gefahren mit sich" gebracht habe[86]. Der Reichspräsident war jedoch nicht bereit, seine Entscheidung für den militärischen Ausnahmezustand leichthin zu widerrufen.

Obwohl Bayern den Anlaß für die Verkündung des militärischen Ausnahmezustands geliefert hatte und durch seine Politik sich in fortdauernden Widerspruch zu den Rechtsauffassungen und Ansprüchen des Reiches setzte, wurde nicht dieses Land zum Brennpunkt der im Zeichen des Ausnahmezustandes geübten militärischen Aktivität, sondern die Länder Sachsen und Thüringen, wo der Eintritt von Kommunisten in die Regierungen und die Bildung irregulärer Kampfverbände, der

[83] Telegramm des hessischen Staatspräsidenten Ulrich an die Reichskanzlei vom 28. September 1923. BA. R 43 I/2703.

[84] Schreiben des badischen Staatspräsidenten Remmele an den Reichskanzler Stresemann vom 28. September 1923. BA. R 43 I/2703.

[85] Schreiben des anhaltischen Staatsministeriums an den Reichskanzler Stresemann vom 15. Oktober 1923. BA. R 43 I/2703.

[86] Schreiben des Reichsinnenministers Sollmann an den Staatssekretär in der Reichskanzlei Kempkes vom 22. Oktober 1923. BA. R 43 I/2703.

„Proletarischen Hundertschaften“, eine weitere Gefahr für den verfassungsmäßigen Bestand des Reiches anzuzeigen schienen[87].

In Sachsen, dessen sozialdemokratischer Ministerpräsident Zeigner schon lange mit der Reichswehr auf dem Fuße ständiger Konfliktbereitschaft lebte, sicherte sich der Militärbefehlshaber, General Müller, als Inhaber der vollziehenden Gewalt zunächst die Verfügungsgewalt über die seit einiger Zeit im Reichswehrministerium mit argwöhnischen Augen beobachtete Polizei, verbot sodann am 13. Oktober die „Proletarischen Hundertschaften“, ohne jedoch damit durchzudringen. Der kommunistische Landesminister Böttcher verlangte vielmehr am gleichen Tage in öffentlicher Rede die Bewaffnung des Proletariats[88]. Der Ministerpräsident ließ die Aufforderung des Militärbefehlshabers, sich zu dieser Rede zu erklären[89], unbeantwortet. Als dann ein kommunistischer Aufstand in Hamburg am 22. Oktober die revolutionäre Entschlossenheit der KPD demonstrierte, entschloß sich die Reichsregierung, den sächsischen Spannungsherd auszuräumen.

Der Reichswehrminister trug am 27. Oktober dem Kabinett seine Absicht vor, vom sächsischen Ministerpräsidenten die Entfernung der kommunistischen Minister aus seiner Regierung zu verlangen und im erwarteten Weigerungsfalle einen Reichskommissar zu bestellen. Das Reichskabinett akzeptierte diesen Vorschlag, spielte aber die Initiative dem Reichskanzler zu[90]. So war es nicht der Inhaber der vollziehenden Gewalt, sondern der Reichskanzler Stresemann, der die Koalitionsregierung von Sozialdemokraten und Kommunisten in Sachsen beseitigte. Stresemann erwirkte am 29. Oktober eine Verordnung des Reichspräsidenten, die speziell und ausschließlich dem Reichskanzler die Vollmacht erteilte, die sächsische Regierung und alle sächsischen Verwal-

[87] Günther Nollau, Die Internationale. Köln-Berlin 1959. S. 97–101. Der Reichswehrminister Nr. 349.24. T. 1.III. Denkschrift über den militärischen Ausnahmezustand. 26. September 1923 bis 29. Februar 1924. Berlin, gedruckt im Reichswehrministerium. 12. August 1924. (Hauptstaatsarchiv Stuttgart. M 730 Bd. 206.) S. 3.

[88] Denkschrift S. 5. F. Poetzsch, Staatsleben S. 96–99. Ebd. S. 97 das Schreiben des Generals Müller vom 17. Oktober 1923 an den sächsischen Ministerpräsidenten, das Auszüge aus dieser Rede enthält.

[89] F. Poetzsch, Staatsleben S. 97f.

[90] Protokoll der Kabinettssitzung vom 27. Oktober 1923, 18 Uhr. BA. R 43 I/1388: „Der Reichsernährungsminister Graf Kanitz [parteilos] beantragte, die Formulierung der Aufforderung an den sächsischen Ministerpräsidenten und die Bekanntgabe in der Presse dem Herrn Reichskanzler zu übertragen. Nachdem hiergegen Widerspruch nicht erhoben wurde, schloß der Reichskanzler die Sitzung.“ Wie aus dem Protokoll weiter hervorgeht, war es Geßlers Absicht gewesen, das Kabinett von seinem Vorhaben lediglich zu informieren, nicht aber einen Beschluß herbeizuführen oder gar eine ausdrückliche Ermächtigung zu erbitten.

tungsbehörden in ihrem Personalbestand uneingeschränkt zu verändern[91]. So weit diese Ermächtigung zu gehen schien, sie enthielt doch eine deutliche Grenze, deren Bedeutung erst im Kontext der später ans Licht tretenden Planungen des Militärs erkennbar wird: Das Personal wurde zur Disposition des Reichskanzlers gestellt, aber nicht die Institutionen, sie konnten umbesetzt, aber nicht aufgehoben werden. Dieser Verordnung des Reichspräsidenten gemäß vollzog ein ziviler Reichskommissar, Dr. Heinze[92], die Neubildung der sächsischen Landesregierung innerhalb von zwei Tagen. Das Militär blieb auf die Funktion beschränkt, dem Auftreten des Reichskommissars in Dresden den notwendigen Rückhalt bewaffneter Macht zu gewähren. Um das Vorgehen des Reichskommissars vor unerwünschten parlamentarischen Interventionen abzuschirmen, verbot der Militärbefehlshaber überdies den Zusammentritt des sächsischen Landtags „bis auf weiteres". Aber unter dem Druck der Reichsregierung mußte er dieses Verbot alsbald wieder aufheben[93]. So war der Reichswehr trotz des Besitzes vollziehender Gewalt in der zentralen Frage der Reichsexekution gegen Sachsen die Führung aus der Hand genommen und die Aktionsfähigkeit ziviler Reichsbehörden in dieser Krisensituation bekräftigt worden.

Bei der Rivalität zwischen Kanzler und Reichswehr handelte es sich um mehr als um Fragen des Prestiges und der politischen Taktik. Der Militärbefehlshaber in Sachsen, General Müller, meldete am 6. November über die Lage in seinem Befehlsbereich enttäuscht nach Berlin: „Die auf Drängen des Reichskanzlers überhastete Bildung einer neuen Regierung und ihre trotz ihrer Zusammensetzung von der Reichsregierung erfolgte Anerkennung, verbunden mit der Abberufung Dr. Heinzes, haben geradezu lähmend gewirkt. Das Rad, das man endlich verheißungsvoll im Vorwärtsrollen glaubte, ist, ohne daß man den Grund verstehen könnte, plötzlich wieder angehalten und nicht bloß das, es ist weiter zurückgerollt, als es vor dem 29. 10. stand. [...] Der Einsatz der Reichswehr war nutzlos, wenn die Regierung Fellisch am Ruder bleibt. Der Ausnahmezustand darf nicht eher aufhören, bis das Land eine andere Regierung erhalten und diese festen Fuß gefaßt hat."[94]

[91] RGBl. S. 995. Auch diese Verordnung stützte sich auf den Abs. 2 des Art. 48, nicht auf den Abs. 1, der die Vollmachten des Reichspräsidenten gegenüber den Ländern in spezieller Weise festlegte.

[92] Geßler hatte als Reichskommissar den ehemaligen Chef der sächsischen Staatskanzlei, den parteilosen Ministerialdirektor Schulze, vorgesehen.

[93] F. Poetzsch, Staatsleben S. 99.

[94] Meldung des Wehrkreiskommandos IV vom 6. November 1923. Bayerisches Hauptstaatsarchiv I. Generalstaatskommissar 44.

In Thüringen verliefen bei ähnlich gelagerten politischen Verhältnissen die Aktionen des Militärs weniger dramatisch. Die Kommunisten schieden im November ohne gewaltsame Nachhilfe aus der Regierung aus, das Rumpfkabinett mußte im Dezember demissionieren, und die Landtagswahlen im Februar 1924 ermöglichten eine politische Neuordnung[95].

In der Handhabung des Ausnahmezustands trat durch den Hitlerputsch vom 9. November 1923 eine bedeutsame Veränderung ein. An die Stelle des Reichswehrministers trat als Inhaber der vollziehenden Gewalt der Chef der Heeresleitung, General v. Seeckt, der gleichzeitig vom Reichspräsidenten zum Oberbefehlshaber der gesamten Wehrmacht, also auch der Marine, ernannt wurde[96]. Damit war die Verantwortung der Reichswehr für die Bewältigung der inneren Krise vor aller Welt deutlich gemacht.

Dem General v. Seeckt, für den die verfassungsmäßige Übernahme vollziehender Gewalt den Abschied von eigenen Überlegungen über eine diktatorische Regierung unter seiner Führung bedeutete[97], kam es darauf an, „den militärischen Ausnahmezustand so zu handhaben und auszugestalten, daß nicht nur Ruhe und Ordnung in Deutschland herrschen, sondern daß seine Bewohner, in ihrer Existenz sichergestellt, wieder Vertrauen zur Zukunft fassen und seine Jugend in nationaler Begeisterung wieder zur Wehrhaftigkeit drängt“[98].

Das Ziel war also denkbar weit gesteckt, und es bedurfte in der Folgezeit einer Reihe von Auseinandersetzungen mit dem Reichskabinett, um dem General v. Seeckt die Grenzen klar werden zu lassen, die auch seiner Macht als Inhaber der vollziehenden Gewalt gezogen waren. Es gelang ihm zwar, durch Schnelligkeit des Vorgehens das Verbot von NSDAP und KPD durchzusetzen, das der Reichsinnenminister Jarres, weil es nach seiner Meinung einen „entscheidenden Eingriff in die gesamte Politik“ darstellte, zuvor einer Beratung im Kabinett unterziehen wollte[99]. Aber der Reichsfinanzminister Dr. Luther konnte, nachdem der Reichspräsident eingegriffen hatte, dem Inhaber der vollziehenden Gewalt nicht nur bedeuten, daß er keine Berechtigung besitze, nach Gutdünken über die Geldmittel des Reiches zu verfügen. Er konnte auch

[95] Denkschrift S. 6–8 und S. 10f.
[96] Verordnung des Reichspräsidenten vom 8. November 1923. RGBl. S. 1084.
[97] Hans Meier-Welcker, Seeckt. Frankfurt/M. 1967. S. 389–405.
[98] Befehl der Heeresleitung vom 4. November 1923. Denkschrift S. 9.
[99] Schreiben des Reichsinnenministers Jarres an den Reichskanzler Stresemann vom 20. November 1923. BA. R 43 I/2702.

das Zugeständnis erringen, daß „bei nur einigermaßen normalen Umständen“ der General v. Seeckt es nicht als seine Aufgabe ansehen werde, „sich um wirtschaftliche oder finanzielle Dinge zu kümmern“, und im Notfall darin „nur im Einvernehmen mit dem zuständigen Minister“ vorgehen werde[100]. Ein Konflikt mit dem Reichsarbeitsminister Dr. Brauns, der sich in seinen Zuständigkeiten verletzt sah, verlor durch die herannahende Aufhebung des Ausnahmezustands seine Schärfe[101]. Auch der territoriale Geltungsbereich der dem Chef der Heeresleitung verliehenen Vollmachten gab Anlaß zu Diskussionen mit dem Kabinett. Seeckt war der Meinung, daß seine Verordnungen als Inhaber der vollziehenden Gewalt „auch im besetzten Gebiete rechtsgültig“ seien, allenfalls könne ihre Durchführung dort erschwert sein, was aber keinen Grund gäbe, diese „gar nicht erst zu versuchen“. Der Reichsminister für die besetzten Gebiete, Höfle, erwiderte im Einverständnis mit dem Auswärtigen Amt, daß die sachimmanente Logik der Übertragung vollziehender Gewalt an den Militärbefehlshaber die Geltung von dessen Verordnungen auf jenes Gebiet begrenze, „wo die rechtliche Möglichkeit einer Verwendung der ihm unterstehenden militärischen Kräfte“ bestünde. Aber auch die alliierte Rheinlandkommission hatte zuvor schon sich gegen jede Ingerenz von außerordentlichen Inhabern vollziehender Gewalt in den besetzten Gebieten verwahrt[102].

Die wahrscheinlich schmerzlichste Beschränkung seiner groß gedachten Vollmachten mußte Seeckt aber bei dem Versuch hinnehmen, das Land Sachsen wieder stärker unter militärische Kontrolle zu bringen. Als er am 13. November dem Reichskanzler seine Absicht mitteilte, den sächsischen Innenminister Liebmann „vom Amte zu suspendieren“, erhob der Reichspräsident Einspruch, der eigenhändig auf Seeckts

[100] Schreiben des Reichsfinanzministers Luther an den Reichskanzler Stresemann vom 12. November 1923 über seine Vereinbarung mit dem Chef der Heeresleitung, General v. Seeckt, hinsichtlich finanzieller und wirtschaftlicher Maßnahmen. Vgl. auch Hans Luther, Politiker ohne Partei. Erinnerungen. Stuttgart 1960. S. 173f. Ebd. betont Luther seine generelle Ablehnung der Übertragung der vollziehenden Gewalt an General v. Seeckt.

[101] Schreiben des Reichsarbeitsministers Brauns an den Reichskanzler Marx vom 13. März 1924. BA. R 43 I/2702.

[102] Schreiben des Chefs der Heeresleitung, General v. Seeckt, an das Reichsministerium für die besetzten Gebiete und das Auswärtige Amt vom 24. Dezember 1923 und die Erwiderung des Reichsministers für die besetzten Gebiete, Höfle, vom 8. Januar 1924. Bayerisches Hauptstaatsarchiv I. MInn 71758. Ein Rundschreiben des Reichsministeriums für die besetzten Gebiete an die Landesregierungen vom 26. Januar 1924 verwies auf die einschlägige Erklärung der alliierten Rheinlandkommission vom 29. September 1923. Ebd.

Schreiben vermerkte: „Eine solche Maßnahme ist nach den von mir Herrn General v. Seeckt übertragenen Vollmachten unmöglich; ein Eingriff in die Hoheitsrechte der Länder kann daraus nicht abgeleitet werden.“[103] Damit war nicht allein eine partielle Klarstellung über die Begrenzung der dem Inhaber der vollziehenden Gewalt zustehenden Kompetenzen erfolgt, sondern wahrscheinlich auch eine Abwehr weitreichender Pläne der militärischen Führung, bei denen die Herrschaft über Sachsen eine Schlüsselrolle gespielt zu haben scheint.

Prinzipieller Natur war der Gegensatz der Auffassungen auch in der Frage, ob die geltende Rechtsordnung zur Disposition des Militärbefehlshabers stünde. Während im Reichswehrministerium die Meinung herrschte, daß „alles, was zur Sicherung des Reiches erforderlich“ sei, in die Machtvollkommenheit des Militärbefehlshabers falle, hielt Ebert in längeren Auseinandersetzungen mit Seeckt daran fest, daß bestehende Gesetze und Verordnungen vom Militärbefehlshaber weder aufgehoben noch geändert werden könnten. Er wies Seeckt zugleich darauf hin, daß die Übertragung der vollziehenden Gewalt an den Militärbefehlshaber zwar die Verwaltungstätigkeit der Reichs- und Landesregierungen einschränke, aber in keiner Weise ihre Funktionen als Inhaber der staatlichen Hoheit und als verantwortliche Gestalter der Politik, weshalb auch die Regierungsgewalt im eigentlichen Sinne seiner Kompetenz entzogen sei[104].

Trotz dieser Differenzen war jedoch der Ausnahmezustand von Reichspräsident und Reichsregierung nicht allein als ein Mittel verstanden worden, das Aufstände und Unruhen wirkungsvoller bekämpfen ließ. Der Ausnahmezustand sollte auch dazu dienen, die mit der Währungssanierung zusammenhängenden Umstellungsmaßnahmen möglichst störungsfrei ablaufen zu lassen. Der Reichwehrminister hatte darum bei der Übernahme der vollziehenden Gewalt die Weisung erteilt, nicht nur für Ruhe und Ordnung zu sorgen, sondern auch Produktion und Verkehr in Gang zu halten und allen Maßnahmen, welche die Regierung treffen würde, unbedingte Wirkung zu verschaffen. Die Skala der von den Militärbefehlshabern zu solchen Zwecken ergriffenen Maßnahmen war umso größer, weil sie sich nicht darauf beschränkten, bestehenden Gefahren entgegenzutreten, sondern auch prophylaktisch gegen mögliche Krisenerscheinungen auftraten und darum weitgespannte Aktivi-

[103] Schreiben des Chefs der Heeresleitung, General v. Seeckt, an den Reichskanzler Stresemann vom 13. November 1923 mit handschriftlichem Erlaß Eberts. BA. R 43 I/2309.

[104] Lieber-Auszüge.

täten auf sozialem Gebiet entfalteten. „Der militärische Ausnahmezustand“, so befahl der Reichwehrminister am 19. Oktober 1923, „gibt nicht nur das Recht zum Befehl, er schließt auch die Pflicht zur Fürsorge in sich.“[105] General v. Seeckt dachte nicht anders.

So reichte die Tätigkeit des Inhabers der vollziehenden Gewalt vom Verbot radikaler Parteien, von der Unterdrückung mißliebiger Tageszeitungen, der Verhinderung von Streiks und Aussperrungen, der Verhängung der Schutzhaft über mehr als 3500 Personen bis zur Ausgabe von wertbeständigem Notgeld, der Regulierung von Preisen und Bankkonditionen, der Sicherung der Ernährung, der Neuordnung der Erwerbslosenfürsorge und der Bekämpfung von Schlemmerei und Luxus. Zur Unterstützung seiner Politik dachte Seeckt sogar an die Gründung einer eigenen Zeitung. Wie sehr man sich daran gewöhnte, den Inhaber der vollziehenden Gewalt als den deus ex machina zu betrachten, der gesellschaftliche Auseinandersetzungen überflüssig mache, geht auch daraus hervor, daß bei einem Streit zwischen Ärzten und Krankenkassen Überlegungen angestellt wurden, den Ausnahmezustand zu benutzen, um eine grundlegende Reform des Kassenwesens durchzusetzen. Aber dieses Ansinnen ging selbst dem General v. Seeckt zu weit. Er wies die Militärbefehlshaber an, sich in diesen Konflikt nur dann einzumischen, wenn die ordnungsmäßige medizinische Versorgung der Bevölkerung gefährdet sei[106].

Die Tätigkeit des Inhabers der vollziehenden Gewalt ist damit nur in wenigen Stichworten gekennzeichnet. Dieses grob umrissene Bild würde zusätzliche Konturen gewinnen, wenn die Aktionen der einzelnen Militärbefehlshaber in ihren Befehlsbereichen in den Blick kämen. Aber sie würden kaum den Eindruck verwischen, daß die Formen der inneren Verwaltung, wie sie im Ausnahmezustand vom Herbst und Winter 1923/24 Gestalt annahmen, eher mit dem nach freiem moralischen Ermessen vorgehenden Polizeiregiment des Ancien Régime verglichen werden können als mit der Praxis des an die Verhältnismäßigkeit der Mittel gebundenen und auf die Abwehr unmittelbar drohender Gefahren beschränkten Rechtsstaates. So betrachtet, dürfte der militärische Ausnahmezustand seine unbestreitbaren Erfolge nur deshalb erbracht haben, weil er seinen transitorischen Charakter niemals verlor.

Am 13. Februar 1924 schlug General v. Seeckt dem Reichspräsidenten vor, zu Beginn des Monats März den militärischen Ausnahmezustand

[105] Befehl des Reichswehrministers Geßler vom 19. Oktober 1923. Denkschrift S. 37.
[106] Vgl. Anlagen zum Teil II der Denkschrift. Das Zeitungsprojekt wird in den Lieber-Auszügen erwähnt.

aufzuheben. „Die Staatsautorität ist so gefestigt, daß die unter dem Ausnahmezustand eingeleitete Sanierung unseres Staats- und Wirtschaftslebens auch ohne ihn weitergeführt werden kann.“[107] Der Verzicht Seeckts auf seine diktatorische Stellung ist in der Reichswehr nicht unumstritten gewesen. Während sich dem tatsächlichen Ablauf nach der militärische Ausnahmezustand als ein wirksames Regime in einer vorübergehenden Phase der Not bewährte und den verfassungsmäßigen Normalzustand der Republik ungeschmälert wiederherstellte, hätte es den Absichten mancher Militärs entsprochen, wenn der Ausnahmezustand dazu benutzt worden wäre, das politische Koordinatensystem des Reiches grundlegend zu verändern, anstatt es zu festigen[108].

In der Literatur ist die Ausübung der vollziehenden Gewalt durch Seeckt meist als die loyale Erfüllung einer ihm übertragenen Schutzpflicht für das Gemeinwesen verstanden worden, wie es der Selbststilisierung der Reichswehr als uneigennützige Dienerin von Reich und Regierung entsprach[109]. Heinrich Brüning hat diesen Sachverhalt ähnlich, wenn auch mit negativer Akzentsetzung interpretiert, als er im

[107] Schreiben des Chefs der Heeresleitung, General v. Seeckt, vom 13. Februar 1924 an den Reichspräsidenten. Denkschrift S. 27.

[108] Vgl. den Schriftwechsel Falkenhausen-Stülpnagel im Januar 1924. BA-Militärarchiv. N 5/20.

[109] Vgl. etwa Karl Schwend, Bayern zwischen Monarchie und Diktatur. München 1954. S. 249: „General von Seeckt, dem in der Nacht vom 8. auf 9. November, als die erschreckenden Nachrichten aus München einliefen, vom Reichspräsidenten Ebert die vollziehende Gewalt mit erweiterten Machtbefugnissen übertragen wurde, hatte nun die langersehnte Macht in Händen, aber er gebrauchte sie gänzlich im Dienste der legalen Reichsgewalt.“ Als Beispiel für die Selbststilisierung der Reichswehr sei verwiesen auf Erich Marcks, Reich, Volk und Reichswehr, in: Wissen und Wehr 12 (1931) S. 5: „Aber der Widerstand an der Ruhr mußte abgebrochen werden, und mit der Autorität der Regierung brach die Währung und die Wirtschaft zusammen. Überall erhoben die Reichsfeinde, Bolschewismus und Separatismus, ihr Haupt. Gleichzeitig schien sich der Verband des Reiches und das System der Demokratie aufzulösen. Bayern, Sachsen, Thüringen trieben eigene und gegensätzliche Politik, und die Wehrverbände von rechts und links rüsteten offen zum Bürgerkrieg. Staat und Gesellschaft trieben beide, katastrophal geschwächt, der Auflösung entgegen. Da setzte das Reich sein letztes Machtmittel, die Reichswehr, ein und bannte die Gefahren. Im militärischen Ausnahmezustand kam die Reichswehr zu überragender Bedeutung. In kurzer Zeit waren die widerstrebenden politischen Kräfte gebändigt, war die Autorität des Reiches wiederhergestellt und die Vertrauensgrundlage geschaffen, auf der das 'Wunder der Rentenmark' allein gelingen konnte. Nachdem die gesellschaftlichen Kräfte jahrelang das Übergewicht im Staat gehabt hatten, mußten die Parteien jetzt die Überlegenheit des Staates anerkennen und der Regierung die Ermächtigung geben, die Grundlage der neuen Wirtschaft nach eigenem Ermessen zu legen. Die Gemeinschaft dokumentierte ihr hohes Recht und triumphierte über die einzelnen: das war der gewaltige positive Ertrag des militärischen Ausnahmezustands, der in das Bewußtsein der Nation überging.“

Februar 1936 an einen Freund schrieb: „Die Reichswehr hat nie eine politische Idee gehabt. Auch nicht 1923."[110]

Dieses Urteil ist nicht ohne Gewicht, denn dem späteren Reichskanzler ist von einem politisch Nahestehenden, dem damaligen Chefredakteur der Tageszeitung „Der Deutsche", Hermann Ullmann, ein wesentlicher, aber an keiner Stelle mit genügender Deutlichkeit erkennbarer Anteil an der politischen Ausgestaltung des Ausnahmezustands zugesprochen worden[111]. Brüning selbst hat sich in gleicher Weise geäußert und dabei ebenso wie Ullmann dem Oberstleutnant a. D. Friedrich Wilhelm Frhr. v. Willisen eine wichtige Rolle zugeschrieben, aber auch hier wird nichts Näheres über den tatsächlich ausgeübten Einfluß der Gruppe Brüning-Willisen-Ullmann und die ihm zugrundeliegenden politischen Zielsetzungen berichtet[112]. In den unter Brünings Namen veröffentlich-

[110] Heinrich Brüning, Briefe und Gespräche 1934–45. Hrsg. von Claire Nix. Stuttgart 1974. S. 105.

[111] Hermann Ullmann, In der großen Kurve. Führer und Geführte. Berlin 1933. S. 64: „Die sehr wichtige Rolle Brünings selbst muß späteren Darstellungen vorbehalten bleiben. Damals dankte unter dem Druck der Währungskrise und einer gewaltigen Gärung, wie sie in den zum nationalen Widerstand bereitesten Kreisen drohend aufstieg, das Parlament zum erstenmale ab, wurde zum erstenmal auf parlamentfreiem Wege Deutschland gerettet. Jene Monate waren ganz hohe Schule für den späteren Krisenkanzler."

Ders., Publizist in der Zeitenwende. Unter Mitwirkung von Frau Renate Ullmann aus dem Nachlaß herausgegeben von Hans Schmid-Egger, München 1966. S. 105: „Diese Krise und die Art, wie Brüning sie meisterte, mitzuerleben, lohnte allerdings. Die Krise als solche verdient ihre eigene authentische Darstellung, die wir hoffentlich erhalten werden. Für Brüning war sie eine politische Hohe Schule, in der er vom Gesellen [...] zum Meister wurde." Ebd. S. 106: Er [Gutsche] und der besonnene Oberstleutnant Friedrich Wilhelm v. Willisen, der ehemalige Generalstabschef Seeckts [!], der seit 1918 so oft rettend eingegriffen hatte, als Berater Seeckts und als unbeamteter Verantwortungsträger im höchsten Sinne – diese Männer standen Brüning buchstäblich Tag und Nacht zur Seite. Es waren Wochen, in denen ein paar Männer unter eigener Verantwortung, ohne daß sie von ihrer Umgebung gesehen wurden und gesehen werden durften, tatsächlich Volk und Staat vor unvorstellbarem Unglück retteten. Sie bewegten sich über knisterndes Eis."

[112] In: H. Ullmann, Publizist S. 112 erklärt Brüning über die von Ullmann geleitete Tageszeitung „Der Deutsche": „Aber es gelang allmählich, durch gute Information und ein weitschauendes Urteil der neuen Zeitung einen ungewöhnlich starken Einfluß, auch vor allem in den Ministerien, zu verschaffen, besonders seit der Zeit des passiven Widerstandes im Jahre 1923." Für die Zeit des Ausnahmezustandes bedarf dieses Urteil der kritischen Überprüfung. Eine Durchsicht der in Frage kommenden Ausgaben dieser Zeitung erweist zwar eine prinzipielle Übereinstimmung ihrer Mitarbeiter mit dem militärischen Ausnahmezustand und den unter ihm getroffenen Maßnahmen. Aber es wird nicht deutlich, daß die von der Reichswehr im Hinblick auf Sachsen (s. unten) gehegten Pläne ihnen bekannt gewesen wären. „Der Deutsche" Nr. 285 vom 6. Dezember 1923 sprach sich dafür aus, „daß der Sozialdemokratie auch einmal in Preußen der Stuhl vor die Tür gesetzt wird, damit sie künftig

ten Memoiren wird diesem attestiert, daß er „durch Willisen täglich Ideen in das Reichswehrministerium hineinzulancieren" vermocht habe, „je mehr die Hilflosigkeit der Reichswehr in bezug auf die politische Schöpferkraft ihr selbst bewußt wurde". Hier erscheint Brüning sogar als derjenige, der durch Willisens Vermittlung innerhalb eines einzigen Tages den Verzicht Seeckts auf die weitere Ausübung der vollziehenden Gewalt durchgesetzt habe[113]. Diese Darstellungen finden jedoch in den überkommenen Akten kaum eine Stütze[114], wobei allerdings zu berücksichtigen ist, daß Aktionen von der Art, wie Ullmann und Brüning sie andeuten, sich weitgehend der aktenmäßigen Evidenz entziehen. Aber es hat doch den Anschein, daß die Reichswehrführung sich durch solche Kontakte weniger in ihrem Kurs bestimmen ließ, als von diesen zivilen Mittelspersonen angenommen wurde. Denn es waren gewiß nicht die zentralen Ziele Ullmanns und Brünings, welche die Reichswehr in ihrer großen Denkschrift vom August 1924 über den Ausnahmezustand als ihre eigenen zu erkennen gab.

Dieses umfangreiche Schriftstück[115] begnügte sich nicht damit, die Reichswehr als Autoritätsbasis der Regierung und als Klammer der Reichseinheit zu feiern, sondern zog auch „eine Folgerung für die Zukunft"[116]. Nach der etwas mit Pathos überwucherten Aussage dieses Textes war die gesicherte Wiederherstellung des verfassungsmäßigen Zustands, wie er vordem bestanden hatte, keineswegs ein zufriedenstellender Erfolg. Denn die in schwarzen Farben gemalten Möglichkeiten der Länder, einen politischen Weg zu gehen, der mit dem der Reichsregierung nicht übereinstimmte, waren nicht beseitigt, das Übel somit

das Reich nicht mehr leichtfertig in Regierungskrisen hineinstürzt". In Nr. 231 vom 3. Oktober 1923 hatte sich Adam Stegerwald „für ein kleines homogenes Kabinett" im Reich eingesetzt, das durch Ermächtigungsgesetz (also nicht durch Art. 48,2) in den Stand gesetzt werden sollte zu tun, „was der gesunde Menschenverstand erfordert". In diesen beiden Fällen vertrat „Der Deutsche" Zielsetzungen, die auch die Reichswehr verfocht (s. unten sowie Werner Frhr. v. Rheinbaben, Viermal Deutschland. Aus dem Erleben eines Seemanns, Diplomaten, Politikers 1895–1954. Berlin 1954. S. 188–191); aber diese Übereinstimmungen waren auch ohne jeden Kontakt zur Reichswehr in dem politischen Programm Adam Stegerwalds gegeben, dessen „Neuordnung des deutschen Parteiwesens" das erklärte Ziel dieser Tageszeitung darstellt. H. Ullmann, Publizist S. 104–111.

113 Heinrich Brüning, Memoiren 1918–1934. Stuttgart 1970. S. 107.

114 In den Lieber-Auszügen wird Willisen lediglich an einer Stelle beiläufig als ein möglicher Kandidat für das Amt des Chefs der Reichskanzlei genannt. Die Darstellung Brünings von der Beendigung des Ausnahmezustands beruht offensichtlich auf Irrtümern. Zum Ablauf s. H. Meier-Welcker S. 433f.

115 Vgl. Anm. 87.

116 Denkschrift S. 16.

nicht an der Wurzel gefaßt. Darum lag für den Verfasser dieser Schrift die Lehre des Ausnahmezustandes nicht nur darin, daß die Armee zur Niederhaltung von Unruhen im Bedarfsfall wieder mit weit gefaßten Vollmachten nach Art. 48 ausgestattet werden müsse, sondern stärker noch in dem Satz: „Die Reichsverfassung muß so umgestaltet werden, daß sie in Zukunft einen Konflikt zwischen dem Reich und den Ländern ausschließt.“[117] Deshalb komme es darauf an, „die Machtverhältnisse, die sich im Winter 1923/24 augenfällig ergeben haben, rechtlich und für die Dauer festzuhalten. Das Eingreifen des Reiches in Sachsen und Thüringen darf keine Episode bleiben, sondern muß der Anfang einer neuen positiven Innenpolitik des Reiches werden.“[118] Es handelte sich also, wie die Denkschrift im Folgenden zeigte, um nichts weniger als die Umgestaltung der Reichsverfassung im unitarischen Sinne, wobei mindestens die Länder nördlich der Mainlinie zu einem einheitlichen Staatswesen mit dem Reiche verschmolzen werden sollten.

Derartige Auffassungen scheinen aber für die Reichswehr nicht erst nachträglich erkennbare Lehren des Ausnahmezustands gewesen zu sein, sondern viel eher die Maxime ihrer Politik, mit der sie in die Auseinandersetzung mit den Ländern Sachsen und Thüringen hineingegangen ist. Ihr Unmut, daß sie in der sächsischen Frage die Initiative an den Reichskanzler verloren hatte, wäre sehr viel verständlicher, wenn mit ihrem Eingreifen von vornherein die Zielsetzung verbunden gewesen wäre, Sachsen zum Ansatzpunkt für eine Neuordnung des Aufbaus von Reich und Ländern zu machen. Denn dann hätte Stresemann mit der Einsetzung der neuen sächsischen Regierung politische und nicht nur prozedurale oder taktische Absichten der Armee durchkreuzt, und die Reichswehr hätte dann auf diesem Felde der inneren Politik nicht nur Prestige verloren, sondern eine Niederlage erlitten.

Daß die Reichswehr bei ihrem Vorgehen in Sachsen bestimmte politische Absichten hegte, ist nicht nur in späteren Jahren von dem mit dem Vertrauen des Reichswehrministeriums beehrten Publizisten Heinz Brauweiler[119] öffentlich angedeutet worden. Es hat sich trotz des Befehls, dieses Aktenstück sofort zu vernichten, in mindestens zwei Exemplaren eine amtliche Kundmachung des Truppenamtes an die Militärbefehlshaber erhalten, die eine politische Bilanz des im Dezember 1923 Er-

[117] Ebd. S. 18.
[118] Ebd.
[119] Heinz Brauweiler, Generäle in der Deutschen Republik. Groener, Schleicher, Seeckt. Berlin 1932. S. 55. Brauweiler ist nach Ausweis der Lieber-Auszüge während des Ausnahmezustands im Reichswehrministerium empfangen worden.

reichten zog[120]. Hier wurde offen zugegeben: „In Sachsen ist die folgerichtige Durchführung der beabsichtigten Pläne durch den Umfall des damaligen Kanzlers Stresemann, durch sein Abschwenken von der ursprünglichen Linie gescheitert. Als auf Drängen des Kanzlers die Regierung Fellisch gebildet wurde, waren 80% des Erfolges der Aktion verloren.“ Dennoch gab die Reichswehrführung das politische Spiel des Ausnahmezustands noch nicht auf. Noch schien es dem Truppenamt sinnvoll, weiter an dem Ziel festzuhalten, in den Ländern „schärfste Exekutive des Reiches durch Reichswehr und Polizei“ zu etablieren. Zu diesem Zweck sollte angestrebt werden, „in allen Ländern die Ministerien des Innern in die Hand energischer, überparteilicher, national eingestellter Männer“ zu legen. Aber bereits zu dem Zeitpunkt, an dem sich dieses Schriftstück noch mit einigem Optimismus über die Aussichten zur Realisierung dieses Programms erging, war eine andere Hoffnung der Reichswehr, ihre Machtbasis im Innern zu erweitern, enttäuscht worden. Der für alle Pläne zur Umgestaltung des Reiches schlechthin ausschlaggebende Staat Preußen hatte sich einer vom Militär offensichtlich angestrebten Veränderung schon entzogen, weil die preußische Zentrumspartei den Versuch vereitelte, die dort regierende Koalition SPD-Z-DDP-DVP zu sprengen und die mit einem Male stark in die Regierungsverantwortung drängenden Deutschnationalen ins Kabinett zu bringen[121]. So blieb nicht nur der Einfluß der SPD in Preußen gewahrt, sondern die dortige Landesregierung auch so fest im Sattel, daß für ein Eingreifen des Reichs kein Grund zu finden war.

Als keine Chancen mehr bestanden, durch einen Regierungswechsel in Preußen das dortige Innenministerium in die Hand eines „national

[120] Mitteilung des Truppenamtes vom 11. Dezember 1923 an die Chefs der Generalstäbe der Gruppenkommandos, der Wehrkreiskommandos und der Kavalleriedivisionen. Geheimes Staatsarchiv, Preußischer Kulturbesitz, Berlin. Rep. 92 v. Eberhardt Nr. 95 sowie BA-Militärarchiv. N 42/19.

[121] Vgl. hierzu Rudolf Morsey, Die Deutsche Zentrumspartei 1917–1923 (Beiträge zur Geschichte des Parlamentarismus und der politischen Parteien. Bd. 32). Düsseldorf 1966. S. 552f. Die Schlüsselrolle Preußens bei den Absichten der Heeresleitung während des Ausnahmezustandes ergibt sich auch aus einem Privatbrief des Chefs der Heeresabteilung im Truppenamt, Oberstleutnant Joachim v. Stülpnagel, an Oberstleutnant Erfurth vom 8. Januar 1924: „Nach wie vor vertrete ich aber die Auffassung – auch Schleicher voll und ganz –, daß die Preußenregierung als der sichtbare Wendepunkt in unserer Entwicklung nach vorwärts gestürzt werden muß. Aber gerade das erschweren die bürgerlichen Parteien, namentlich die Volkspartei Preußens, und die Klugkeit Brauns und Severings, die jedem ihnen ungünstig erscheinenden Kampf ausweichen. Die Aufhebung des Ausnahmezustands kann m. E. erst erwogen werden, wenn die preußische Regierung gewechselt hat.“ BA-Militärarchiv. N 5/20.

eingestellten Mannes" zu bringen, unternahm es Seeckt in einem Schreiben vom 29. Dezember 1923, den Inhaber dieses Amtes, den Sozialdemokraten Severing, durch einen Appell an seine patriotische Gesinnung als Staatsminister Preußens für das Ziel einer Stärkung der Reichsgewalt zu gewinnen. „Das Reich braucht in der kommenden Zeit, um die in Angriff genommene wirtschaftliche Sanierung, die von allen Kreisen die größten Opfer verlangt, durchführen und wenigstens ein geringes Maß von Außenpolitik treiben zu können, eine starke Reichsexekutive, die es sich, so wie die Verhältnisse nun einmal liegen, nur durch den militärischen Ausnahmezustand verschaffen kann. Letzten Endes handelt es sich um das große deutsche Problem: Wollen wir Machtpolitik treiben, dann müssen wir den Leerlauf auf allen Gebieten ausschalten – er ist besonders groß durch den föderativen Aufbau des Reiches (rd. 90 Minister und über 2100 Abgeordnete) –, alle produktiven Kräfte zusammenfassen und die Reichsgewalt stärken; oder wollen wir unter Verzicht auf nationale Geltung von unsern Nachbarn wirtschaftliche Vorteile erkaufen, dann ist die Stärkung der Länder und Provinzen verständlich."[122]

Gerade vor dem Hintergrund solcher weitgreifenden Zielsetzungen für den Ausnahmezustand muß der Verzicht Seeckts auf den weiteren Besitz der vollziehenden Gewalt, den er wenige Wochen später aussprach, eher als Resignation vor allzu großen Widerständen denn als die von der Sache gebotene Rückkehr zur staatlichen Normalität verstanden werden.

So zeigte sich im Herbst und Winter 1923/24, daß selbst in dieser Krisensituation die politischen Kräfte und die zivilen Staatsinstitutionen wendig und effektvoll genug zu handeln vermochten, um die Pläne der mit weitreichenden Vollmachten ausgestatteten Armee zu unterlaufen. Daß diese ihre strategische Niederlage bald erkannte und auf die Fortführung ihres riskanten Spiels verzichtete, spricht für das taktische Geschick, mit der sie geführt wurde. Die schließliche und freiwillige Rückkehr zur normalen Verfassungsordnung war darum nur eine Frage der Zeit, als die Sicherheit im Reich hinreichend gewährleistet war. Wenn die Gegenkräfte stark genug waren, die Reichswehr um die erhofften Früchte des Ausnahmezustands zu bringen, dann mußte es aussichtslos

[122] Die Kabinette Marx I und II (Akten der Reichskanzlei. Weimarer Republik, hrsg. von Karl Dietrich Erdmann und Hans Booms), bearb. von Günter Abramowski. Boppard 1973. S. 176f. Die dort fehlenden Zahlen sind nach der vervielf. Abschrift in BA-Militär-Archiv. RH-7/388 ergänzt.

sein, dessen Etablierung auf Dauer anzustreben, so sehr eingewurzelte Vorstellungen vom Erfolg energischen „Durchgreifens" dies auch als sinnvoll erscheinen lassen mochten.

So ist der militärische Ausnahmezustand von 1923/24 weniger eine Demonstration uneigennütziger Dienstbereitschaft des Militärs für den gefährdeten Staat gewesen als eine innenpolitische Kraftprobe, bei der die Reichswehr den Kürzeren gezogen hat. Welche Reflexionen dadurch in ihren Reihen ausgelöst worden sein mögen[123] und ob es die Erfahrungen von 1923/24 waren, die sie veranlaßt haben, als nach einer Atempause von wenigen Jahren die Republik wieder in eine nunmehr tödliche Existenzkrise geriet, andere politische Wege zu gehen als den zum militärischen Ausnahmezustand, dürfte darum in neuem Angang zu prüfen sein.

Nachwort

Der Verfasser möchte auch an dieser Stelle allen Teilnehmern an der Diskussion, die sich an seinen Vortrag anschloß, für ihre vertiefenden und weiterführenden Beiträge geziemend danken. Er hofft, daß die vorstehend gedruckte Fassung, die einige Passagen enthält, die bei der Sitzung aus Zeitgründen nicht vorgetragen wurden, für einzelne der diskutierten Punkte weiteren Aufschluß bietet. Andere ausreichend zu klären, dürfte freilich jene erneute Zuwendung zu der behandelten Materie voraussetzen, deren Notwendigkeit in der Konsequenz der hier vorgetragenen Auffassungen liegt.

[123] Vgl. hierzu die Ausführungen des damaligen Obersten v. Schleicher im Dezember 1926 vor Offizieren der Reichswehr: „In diesem Zusammenhange muß auch einmal das törichte Gerede von Diktatur, Artikel 48 usw. besprochen werden. Der Artikel 48 ist zusammen mit der Wehrmacht die stärkste Waffe des Reichspräsidenten, die ihm die Verfassung in die Hand gegeben hat, um das Reich aus schweren Lagen jeder Art herauszuführen. Das ist ein durchaus legaler Akt, auch wenn außergewöhnliche Mittel angewendet werden. Der Reichspräsident ist also der Alleinberechtigte und -verantwortliche für die Anwendung des Art. 48, die Reichswehr ist gegebenenfalls ein ausführendes Organ, nichts weiter. Deshalb sollte gerade sie sich mit derartigen Möglichkeiten nicht beschäftigen, sie setzt sich damit unnötig in ein falsches Licht." Thilo Vogelsang, Reichswehr, Staat und NSDAP. Beiträge zur deutschen Geschichte 1930–1932 (Quellen und Darstellungen zur Zeitgeschichte Bd. 11). Stuttgart 1962. S. 411.

Veröffentlichungen
der Arbeitsgemeinschaft für Forschung des Landes Nordrhein-Westfalen,
jetzt: Rheinisch-Westfälische Akademie der Wissenschaften

Neuerscheinungen 1968 bis 1977

Vorträge G *Heft Nr.*		GEISTESWISSENSCHAFTEN
151	*Joseph Henninger, Bonn*	Über Lebensraum und Lebensformen der Frühsemiten
152	*François Seydoux de Clausonne, Bonn*	Betrachtungen über die deutsch-französischen Beziehungen von Briand bis de Gaulle
153	*Günter Kahle, Köln*	Bartolomé de las Casas
154	*Johannes Holthusen, Bochum*	Prinzipien der Komposition und des Erzählens bei Dostojevskij
155	*Paul Mikat, Düsseldorf*	Die Bedeutung der Begriffe Stasis und Aponoia für das Verständnis des 1. Clemensbriefes
156	*Dieter Nörr, Münster*	Die Entstehung der *longi temporis praescriptio.* Studien zum Einfluß der Zeit im Recht und zur Rechtspolitik in der Kaiserzeit
157	*Theodor Schieder, Köln*	Zum Problem des Staatenpluralismus in der modernen Welt
158	*Ludwig Landgrebe, Köln*	Über einige Grundfragen der Philosophie der Politik
159	*Hans Erich Stier, Münster*	Die geschichtliche Bedeutung des Hellenennamens
160	*Friedrich Halstenberg, Düsseldorf*	Nordrhein-Westfalen im nordwesteuropäischen Raum: Aufgaben und Probleme gemeinsamer Planung und Entwicklung
161	*Wilhelm Hennis, Freiburg i. Br.*	Demokratisierung – Zur Problematik eines Begriffs
162	*Günter Stratenwerth, Basel*	Leitprinzipien der Strafrechtsreform
	Hans Schulz, Bern	Kriminalpolitische Aspekte der Strafrechtsreform
163	*Rüdiger Schott, Münster*	Aus Leben und Dichtung eines westafrikanischen Bauernvolkes – Ergebnisse völkerkundlicher Forschungen bei den Bulsa in Nord-Ghana 1966/67
164	*Arno Esch, Bonn*	James Joyce und sein *Ulysses*
165	*Edward J. M. Kroker, Königstein*	Die Strafe im chinesischen Recht
166	*Max Braubach †, Bonn*	Beethovens Abschied von Bonn
167	*Erich Dinkler, Heidelberg*	Der Einzug in Jerusalem. Ikonographische Untersuchungen im Anschluß an ein bisher unbekanntes Sarkophagfragment Mit einem epigraphischen Beitrag von Hugo Brandenburg
168	*Gustaf Wingren, Lund*	Martin Luther in zwei Funktionen
169	*Herbert von Einem, Bonn*	Das Programm der Stanza della Segnatura im Vatikan
170	*Hans-Georg Gadamer, Heidelberg*	Die Begriffsgeschichte und die Sprache der Philosophie
171	*Theodor Kraus †, Köln*	Die Gemeinde und ihr Territorium – Fünf Gemeinden der Niederrheinlande in geographischer Sicht
172	*Ernst Langlotz, Bonn*	Der architekturgeschichtliche Ursprung der christlichen Basilika
173	*Hermann Conrad †, Bonn*	Staatsgedanke und Staatspraxis des aufgeklärten Absolutismus Jahresfeier am 10. Mai 1971
174	*Tilemann Grimm, Bochum*	Chinas Traditionen im Umbruch der Zeit
175	*Hans Erich Stier, Münster*	Der Untergang der klassischen Demokratie
176	*Heinz-Dietrich Wendland, Münster*	Die Krisis der Volkskirche – Zerfall oder Gestaltwandel?
177	*Gerhard Kegel, Köln*	Zur Schenkung von Todes wegen
178	*Theodor Schieder, Köln*	Hermann Rauschnings „Gespräche mit Hitler" als Geschichtsquelle
179	*Friedrich Nowakowski, Innsbruck*	Probleme der österreichischen Strafrechtsreform
180	*Karl Gustav Fellerer, Köln*	Der Stilwandel in der abendländischen Musik um 1600
181	*Georg Kauffmann, Münster*	Michelangelo und das Problem der Säkularisation
182	*Harry Westermann, Münster*	Freiheit des Unternehmers und des Grundeigentümers und ihre Pflichtenbindungen im öffentlichen Interesse nach dem Referentenentwurf eines Bundesberggesetzes
183	*Ernst-Wolfgang Böckenförde, Bielefeld*	Die verfassungstheoretische Unterscheidung von Staat und Gesellschaft als Bedingung der individuellen Freiheit
184	*Kurt Bittel, Berlin*	Archäologische Forschungsprobleme zur Frühgeschichte Kleinasiens

185	*Paul Egon Hübinger, Bonn*	Die letzten Worte Papst Gregors VII.
186	*Günter Kahle, Köln*	Das Kaukasusprojekt der Alliierten vom Jahre 1940
187	*Hans Erich Stier, Münster*	Welteroberung und Weltfriede im Wirken Alexanders d. Gr.
188	*Jacques Droz, Paris*	Einfluß der deutschen Sozialdemokratie auf den französischen Sozialismus (1871–1914)
189	*Eleanor v. Erdberg-Consten, Aachen*	Die Architektur Taiwans Ein Beitrag zur Geschichte der chinesischen Baukunst
190	*Herbert von Einem, Bonn*	Die Medicimadonna Michelangelos
191	*Ulrich Scheuner, Bonn*	Das Mehrheitsprinzip in der Demokratie
192	*Theodor Schieder, Köln*	Probleme einer europäischen Geschichte Jahresfeier am 30. Mai 1973
193	*Erich Otremba, Köln*	Die „Kanalstadt". Der Siedlungsraum beiderseits des Ärmelkanals in raumdynamischer Betrachtung
194	*Max Wehrli, Zürich*	Wolframs ‚Titurel'
195	*Heinrich Dörrie, Münster*	Pygmalion – Ein Impuls Ovids und seine Wirkungen bis in die Gegenwart
196	*Jan Hendrik Waszink, Leiden*	Biene und Honig als Symbol des Dichters und der Dichtung in der griechisch-römischen Antike
197	*Henry Chadwick, Oxford*	Betrachtungen über das Gewissen in der griechischen, jüdischen und christlichen Tradition
198	*Ernst Benda, Karlsruhe*	Gefährdungen der Menschenwürde
199	*Herbert von Einem, Bonn*	‚Die Folgen des Krieges'. Ein Alterswerk von Peter Paul Rubens
200	*Hansjakob Seiler, Köln*	Das linguistische Universalienproblem in neuer Sicht
201	*Werner Flume, Bonn*	Gewohnheitsrecht und römisches Recht
202	*Rudolf Morsey, Speyer*	Zur Entstehung, Authentizität und Kritik von Brünings „Memoiren 1918–1934"
203	*Stephan Skalweit, Bonn*	Der „moderne Staat". Ein historischer Begriff und seine Problematik
204	*Ludwig Landgrebe, Köln*	Der Streit um die philosophischen Grundlagen der Gesellschaftstheorie
205	*Elmar Edel, Bonn*	Ägyptische Ärzte und ägyptische Medizin am hethitischen Königshof Neue Funde von Keilschriftbriefen Ramses' II. aus Bogazköy
206	*Eduard Hegel, Bonn*	Die katholische Kirche Deutschlands unter dem Einfluß der Aufklärung des 18. Jahrhunderts
207	*Friedrich Ohly, Münster*	Der Verfluchte und der Erwählte. Vom Leben mit der Schuld
208	*Siegfried Herrmann, Bochum*	Ursprung und Funktion der Prophetie im alten Israel
209	*Theodor Schieffer, Köln*	Krisenpunkte des Hochmittelalters
210	*Ulrich Scheuner, Bonn*	Die Vereinten Nationen als Faktor der internationalen Politik
211	*Heinrich Dörrie, Münster*	Von Platon zum Platonismus Ein Bruch in der Überlieferung und seine Überwindung
212	*Karl Gustav Fellerer, Köln*	Der Akademismus in der deutschen Musik des 19. Jahrhundert
213	*Hans Kauffmann, Bonn*	Probleme griechischer Säulen
214	*Ivan Dujčev, Sofia*	Heidnische Philosophen und Schriftsteller in der alten bulgarischen Wandmalerei
215	*Bruno Lewin, Bochum*	Der koreanische Anteil am Werden Japans
216	*Tilemann Grimm, Tübingen*	Meister Kung Zur Geschichte der Wirkungen des Konfuzius
217	*Harald Weinrich, Bielefeld*	Für eine Grammatik mit Augen und Ohren, Händen und Füßen – am Beispiel der Präpositionen
218	*Roman Jakobson, Cambridge, Mass.*	Der grammatische Aufbau der Kindersprache
219	*Jan Öberg, Stockholm*	Das Urkundenmaterial Skandinaviens Bestände, Editionsvorhaben, Erforschung
220	*Werner Beierwaltes, Freiburg i. Br.*	Identität und Differenz. Zum Prinzip cusanischen Denkens
221	*Walter Hinck, Köln*	Vom Ausgang der Komödie. Exemplarische Lustspielschlüsse in der europäischen Literatur
222	*Heinz Hürten, Freiburg i. Br.*	Reichswehr und Ausnahmezustand. Ein Beitrag zur Verfassungsproblematik der Weimarer Republik in ihrem ersten Jahrfünft

ABHANDLUNGEN

Band Nr.		
27	*Ahasver von Brandt, Heidelberg, Paul Johansen, Hamburg, Hans van Werveke, Gent, Kjell Kumlien, Stockholm, Hermann Kellenbenz, Köln*	Die Deutsche Hanse als Mittler zwischen Ost und West
28	*Hermann Conrad †, Gerd Kleinheyer, Thea Buyken und Martin Herold, Bonn*	Recht und Verfassung des Reiches in der Zeit Maria Theresias. Die Vorträge zum Unterricht des Erzherzogs Joseph im Natur- und Völkerrecht sowie im Deutschen Staats- und Lehnrecht
29	*Erich Dinkler, Heidelberg*	Das Apsismosaik von S. Apollinare in Classe
30	*Walther Hubatsch, Bonn, Bernhard Stasiewski, Bonn, Reinhard Wittram †, Göttingen, Ludwig Petry, Mainz, und Erich Keyser, Marburg (Lahn)*	Deutsche Universitäten und Hochschulen im Osten
31	*Anton Moortgat, Berlin*	Tell Chuēra in Nordost-Syrien. Bericht über die vierte Grabungskampagne 1963
32	*Albrecht Dihle, Köln*	Umstrittene Daten. Untersuchungen zum Auftreten der Griechen am Roten Meer
33	*Heinrich Behnke und Klaus Kopfermann (Hrsg.), Münster*	Festschrift zur Gedächtnisfeier für Karl Weierstraß 1815–1965
34	*Joh. Leo Weisgerber, Bonn*	Die Namen der Ubier
35	*Otto Sandrock, Bonn*	Zur ergänzenden Vertragsauslegung im materiellen und internationalen Schuldvertragsrecht. Methodologische Untersuchungen zur Rechtsquellenlehre im Schuldvertragsrecht
36	*Iselin Gundermann, Bonn*	Untersuchungen zum Gebetbüchlein der Herzogin Dorothea von Preußen
37	*Ulrich Eisenhardt, Bonn*	Die weltliche Gerichtsbarkeit der Offizialate in Köln, Bonn und Werl im 18. Jahrhundert
38	*Max Braubach †, Bonn*	Bonner Professoren und Studenten in den Revolutionsjahren 1848/49
39	*Henning Bock (Bearb.), Berlin*	Adolf von Hildebrand Gesammelte Schriften zur Kunst
40	*Geo Widengren, Uppsala*	Der Feudalismus im alten Iran
41	*Albrecht Dihle, Köln*	Homer-Probleme
42	*Frank Reuter, Erlangen*	Funkmeß. Die Entwicklung und der Einsatz des RADAR-Verfahrens in Deutschland bis zum Ende des Zweiten Weltkrieges
43	*Otto Eißfeldt †, Halle, und Karl Heinrich Rengstorf (Hrsg.), Münster*	Briefwechsel zwischen Franz Delitzsch und Wolf Wilhelm Graf Baudissin 1866–1890
44	*Reiner Haussherr, Bonn*	Michelangelos Kruzifixus für Vittoria Colonna. Bemerkungen zu Ikonographie und theologischer Deutung
45	*Gerd Kleinheyer, Regensburg*	Zur Rechtsgestalt von Akkusationsprozeß und peinlicher Frage im frühen 17. Jahrhundert. Ein Regensburger Anklageprozeß vor dem Reichshofrat. Anhang: Der Statt Regenspurg Peinliche Gerichtsordnung
46	*Heinrich Lausberg, Münster*	Das Sonett *Les Grenades* von Paul Valéry
47	*Jochen Schröder, Bonn*	Internationale Zuständigkeit. Entwurf eines Systems von Zuständigkeitsinteressen im zwischenstaatlichen Privatverfahrensrecht aufgrund rechtshistorischer, rechtsvergleichender und rechtspolitischer Betrachtungen
48	*Günther Stökl, Köln*	Testament und Siegel Ivans IV.
49	*Michael Weiers, Bonn*	Die Sprache der Moghol der Provinz Herat in Afghanistan
50	*Walther Heissig (Hrsg.), Bonn*	Schriftliche Quellen in Moġoli. 1. Teil: Texte in Faksimile
51	*Thea Buyken, Köln*	Die Constitutionen von Melfi und das Jus Francorum
52	*Jörg-Ulrich Fechner, Bochum*	Erfahrene und erfundene Landschaft. Aurelio de'Giorgi Bertòlas Deutschlandbild und die Begründung der Rheinromantik

53	*Johann Schwartzkopff (Red.), Bochum*	Symposium ‚Mechanoreception'
54	*Richard Glasser, Neustadt a. d. Weinstr.*	Über den Begriff des Oberflächlichen in der Romania
55	*Elmar Edel, Bonn*	Die Felsgräbernekropole der Qubbet el Hawa bei Assuan. II. Abteilung. Die althieratischen Topfaufschriften aus den Grabungsjahren 1972 und 1973
56	*Harald von Petrikovits, Bonn*	Die Innenbauten römischer Legionslager während der Prinzipatszeit
57	*Harm P. Westermann u. a., Bielefeld*	Einstufige Juristenausbildung. Kolloquium über die Entwicklung und Erprobung des Modells im Land Nordrhein-Westfalen
58	*Herbert Hesmer, Bonn*	Leben und Werk von Dietrich Brandis (1824–1907) – Begründer der tropischen Forstwirtschaft. Förderer der forstlichen Entwicklung in den USA. Botaniker und Ökologe
59	*Michael Weiers, Bonn*	Schriftliche Quellen in Mogoli, 2. Teil: Bearbeitung der Texte
60	*Reiner Haussherr, Bonn*	Rembrandts Jacobssegen Überlegungen zur Deutung des Gemäldes in der Kasseler Galerie
61	*Heinrich Lausberg, Münster*	Der Hymnus ›Ave maris stella‹
62	*Michael Weiers, Bonn*	Schriftliche Quellen in Mogoli, 3. Teil: Poesie der Mogholen

Sonderreihe
PAPYROLOGICA COLONIENSIA

Vol. I *Aloys Kehl, Köln*	Der Psalmenkommentar von Tura, Quaternio IX (Pap. Colon. Theol. 1)
Vol. II *Erich Lüddeckens, Würzburg, P. Angelicus Kropp O. P., Klausen, Alfred Hermann † und Manfred Weber, Köln*	Demotische und Koptische Texte
Vol. III *Stephanie West, Oxford*	The Ptolemaic Papyri of Homer
Vol. IV *Ursula Hagedorn und Dieter Hagedorn, Köln, Louise C. Youtie und Herbert C. Youtie, Ann Arbor*	Das Archiv des Petaus (P. Petaus)
Vol. V *Angelo Geißen, Köln*	Katalog Alexandrinischer Kaisermünzen der Sammlung des Instituts für Altertumskunde der Universität zu Köln Band I: Augustus-Trajan (Nr. 1–740)
Vol. VI *J. David Thomas, Durham*	The epistrategos in Ptolemaic and Roman Egypt Part 1: The Ptolemaic epistrategos
Vol. VII *Bärbel Kramer und Robert Hübner (Bearb.), Köln*	Kölner Papyri (P. Köln) Band 1

SONDERVERÖFFENTLICHUNGEN

Der Minister für Wissenschaft und Forschung des Landes Nordrhein-Westfalen	Jahrbuch 1963, 1964, 1965, 1966, 1967, 1968, 1969, 1970 und 1971/72 des Landesamtes für Forschung

Verzeichnisse sämtlicher Veröffentlichungen der Arbeitsgemeinschaft für Forschung des Landes Nordrhein-Westfalen, jetzt: Rheinisch-Westfälische Akademie der Wissenschaften, können beim Westdeutschen Verlag GmbH, Postfach 300 620, 5090 Leverkusen 3 (Opladen), angefordert werden

GPSR Compliance

The European Union's (EU) General Product Safety Regulation (GPSR) is a set of rules that requires consumer products to be safe and our obligations to ensure this.

If you have any concerns about our products, you can contact us on ProductSafety@springernature.com

In case Publisher is established outside the EU, the EU authorized representative is:

Springer Nature Customer Service Center GmbH
Europaplatz 3
69115 Heidelberg, Germany

Batch number: 10809636

Printed by Printforce, the Netherlands